Das offizielle
Raspberry Pi-Handbuch
für Einsteiger,
5. Auflage

Das offizielle Raspberry Pi-Handbuch für Einsteiger
von Gareth Halfacree
ISBN: 978-1-912047-36-9
Copyright © 2024 Gareth Halfacree
Gedruckt in Großbritannien
Veröffentlicht von Raspberry Pi, Ltd., 194 Science Park, Cambridge, CB4 0AB

Herausgeber: Brian Jepson, Liz Upton, Ira Mitchell
Übersetzung: Alpha CRC
Interior Designer: Sara Parodi
Produktion: Nellie McKesson
Fotograf: Brian O'Halloran
Illustrator: Sam Alder
Graphics Editor: Natalie Turner
Verlagsleitung: Brian Jepson
Head of Design: Jack Willis
Geschäftsführer: Eben Upton

Oktober 2023: 5. Auflage
November 2020: 4. Auflage
November 2019: 3. Auflage
Juni 2019: 2. Auflage
Dezember 2018: 1. Auflage

Inhalt

Kapitel 1

Du bist stolzer Besitzer eines Computers im Kreditkartenformat. Komm mit auf eine geführte Tour durch den Raspberry Pi. Erfahre, wie er funktioniert und entdecke einige der erstaunlichen Dinge, die man mit ihm machen kann.

Kapitel 2

Entdecke das wesentliche Zubehör, das du für deinen Raspberry Pi brauchst, und erfahre, wie du alles miteinander verbinden kannst, um den Raspberry Pi einsatzbereit zu machen.

Kapitel 3

Alles, was du über das Betriebssystem wissen solltest

Kapitel 4

Ein einfacher Einstieg ins Programmieren mit Scratch, der blockbasierten Programmiersprache

Kapitel 5

Jetzt, da du dich mit Scratch auskennst, zeigen wir dir, wie man textbasierten Code in Python schreibt.

Kapitel 6

Die Welt des Programmierens geht natürlich über interaktive Anwendungen am Computerbildschirm hinaus – du kannst auch elektronische Bauteile steuern, die mit den GPIO-Stiften deines Raspberry Pi verbunden sind.

Appendices

Willkommen

Wir sind davon überzeugt, dass du deinen Raspberry Pi lieben wirst. Egal, welches Modell du hast – eine Standard-Raspberry Pi-Leiterplatte, den kompakten Raspberry Pi Zero 2 W, oder den Raspberry Pi 400 mit integrierter Tastatur – mit diesem erschwinglichen Computer kannst du Programmieren lernen, Roboter bauen und alle möglichen fantastischen und faszinierenden Projekte umsetzen.

Der Raspberry Pi ist in der Lage, all die Dinge zu tun, die du von einem Computer erwartest – vom Surfen im Internet und Spielen bis hin zum Musikhören und Filmeschauen. Aber der Raspberry Pi ist viel mehr als ein moderner Computer.

Mit deinem Raspberry Pi kannst du in das Herz eines Computers vordringen. Du kannst dein eigenes Betriebssystem einrichten und Kabel und Schaltkreise direkt an die GPIO-Stifte auf seiner Leiterplatte anschließen. Der Raspberry Pi wurde eigens dafür entwickelt, jungen Leuten auf spielerische Weise zu zeigen, wie man in Sprachen wie Scratch und Python programmiert. Alle wichtigen Programmiersprachen sind im offiziellen Betriebssystem enthalten. Mit dem Raspberry Pi Pico ist es möglich, unauffällige, stromsparende Projekte zu erschaffen, die mit der wirklichen Welt interagieren.

Die Welt braucht Programmierer mehr denn je und der Raspberry Pi hat bei einer neuen Generation die Liebe und Leidenschaft für Informatik und Technologie geweckt.

Menschen jeden Alters nutzen den Raspberry Pi für spannende Projekte: von Retro-Spielkonsolen bis hin zu Wetterstationen mit Internetanschluss.

Wenn du also Lust hast, Spiele zu entwickeln, Roboter zu bauen oder interessante Projekte zu programmieren, ist dieses Buch genau das Richtige, um dir den Einstieg zu erleichtern.

Beispielprogramme und weitere ergänzende Informationen zu diesem Handbuch, einschließlich eines Errata, findest du im Git-Hub-Repository unter **rptl.io/bg-resources**. Wenn du Fehler im Handbuch finden solltest, lasse es uns wissen. Benutze dazu das Formular für die Einreichung von Errata unter **rptl.io/bg-errata**.

Über den Autor

Gareth Halfacree ist ein freiberuflicher Technologiejournalist, Schriftsteller und ehemaliger Systemadministrator im Bildungssektor. Mit seiner Leidenschaft für Open-Source-Software und -Hardware war er ein früher Fan der Raspberry Pi-Plattform und hat mehrere Publikationen über ihre Fähigkeiten und die zahlreichen Anwendungsmöglichkeiten veröffentlicht. Du findest ihn bei Mastodon als **@ghalfacree@mastodon.social** oder über seine Website **freelance.halfacree.co.uk**.

Kolophon

Der Raspberry Pi bietet eine erschwingliche Möglichkeit, etwas Nützliches zu lernen, das auch Spaß macht.

Die Demokratisierung von Technologie – der Zugang zu Tools – ist seit Beginn des Raspberry Pi-Projekts unsere Motivation. Durch das Absenken der Kosten für einen Allzweckcomputer auf unter 5 $ geben wir allen die Chance, Computer für Projekte zu nutzen, die früher aus Kostengründen nicht im Bereich des Möglichen lagen. Heute sind Raspberry Pi-Computer überall im Einsatz: von interaktiven Exponaten in Museumsausstellungen und Schulen, bis hin zu Postämtern und Callcentern von Behörden. Start-ups in Küchen und Garagen auf der ganzen Welt haben damit die Möglichkeit, ihre Ideen zu verwirklichen und erfolgreich zu sein – im Gegensatz zu früher, als die Integration von Technologie große Summen für Laptops und PCs verschlang.

Der Raspberry Pi beseitigt die hohen Kosten für den Einstieg in die Welt der Computer und des Programmierens für Menschen aller Bevölkerungsgruppen weltweit. Kinder und Jugendliche können von einer Computerausbildung profitieren, die ihnen bisher verwehrt war. Das Gleiche gilt auch für viele Erwachsene, die in der Vergangenheit keinen Zugang zu Computern hatten. Mit dem Raspberry Pi haben auch sie die Gelegenheit, unternehmerische und kreative Projekte zu verwirklichen, oder den Computer für Unterhaltungszwecke einzusetzen. Der Raspberry Pi macht's möglich!

Raspberry Pi Press

store.rpipress.cc

Raspberry Pi Press ist das unverzichtbare Bücherregal für Computer, Spiele und Experimente. Wir sind das Verlagsimpressum von Raspberry Pi Ltd, Teil der Raspberry Pi Foundation. Ob du einen PC oder einen Schrank baust, entdecke deine Leidenschaft, erwirb neue Fähigkeiten und verwirkliche mit unserem umfangreichen Angebot an Büchern und Zeitschriften faszinierende Projekte.

The MagPi

magpi.raspberrypi.com

The MagPi ist das offizielle Raspberry Pi-Magazin. Es wird eigens für die Raspberry Pi-Community geschrieben und ist vollgepackt mit Pi-Projekten, Computer- und Elektronik-Tutorials, Anleitungen und den neuesten Nachrichten und Events aus der Community.

HackSpace

hackspace.raspberrypi.com

Das *HackSpace*-Magazin ist gefüllt mit Projekten für Bastler und Tüftler jeden Niveaus. Wir bringen dir neue Techniken bei und geben dir Gelegenheit, bereits Gelerntes aufzufrischen – vom 3D-Druck, Laserschneiden und der Holzbearbeitung bis hin zur Elektronik und dem Internet der Dinge. *HackSpace* wird dich dazu inspirieren, größer zu träumen und besser zu bauen.

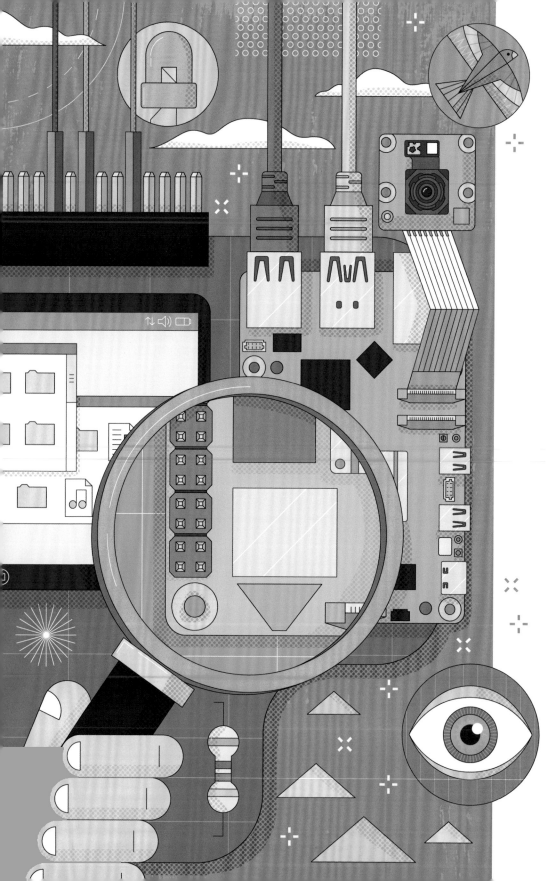

Kapitel 1

Lerne deinen Raspberry Pi kennen

Du bist stolzer Besitzer eines Computers im Kreditkartenformat. Komm mit auf eine geführte Tour durch den Raspberry Pi. Erfahre, wie er funktioniert und entdecke einige der erstaunlichen Dinge, die man mit ihm machen kann.

Der Raspberry Pi ist ein faszinierendes Gerät: ein voll funktionsfähiger Computer in einem winzigen, kostengünstigen Format. Ganz gleich, ob du im Internet surfen oder dich mit Spielen vergnügen willst, ob du lernen möchtest, eigene Programme zu schreiben oder ob du deine eigenen Schaltkreise und Geräte entwickeln willst, der Raspberry Pi und seine außergewöhnliche Community unterstützen dich bei jedem Schritt.

Der Raspberry Pi ist ein *Einplatinen-Computer*. Also ein Computer, genau wie ein Desktop PC, Laptop oder Smartphone, gebaut auf einer einzigen *Leiterplatte*. Wie die meisten Einplatinen-Computer ist der Raspberry Pi klein – ungefähr so groß wie eine Kreditkarte – aber durchaus leistungsfähig. Ein Raspberry Pi kann alles, was ein größerer und stromfressender Computer kann – wenn auch nicht unbedingt ganz so schnell.

Die Raspberry Pi-Familie entstand aus dem Wunsch heraus, weltweit mehr Interesse an Informationstechnologie und am Programmieren zu wecken und praxisbezogene Computerfähigkeiten zu fördern. Ihre Gründer, die sich zur gemeinnützigen Raspberry Pi Foundation zusammengeschlossen haben, ahnten zunächst nicht, dass sich diese Computer sehr großer Beliebtheit erfreuen würden. Die wenigen tausend Raspberry Pi, die 2012 gebaut wurden, um den Markt auszuloten, waren sofort ausverkauft, und seither wurden Millionen in die ganze Welt geliefert. Der Raspberry Pi findet sich heute in Wohnungen, Klassenzimmern, Büros, Rechenzentren, Fabriken und sogar in Satelliten.

Seit dem ursprünglichen Modell B sind verschiedene Modelle des Raspberry Pi erschienen, die jeweils entweder mit verbesserten technischen Merkmalen oder spezifischen Features für bestimmte Anwendungsfälle ausgestattet sind. Die Raspberry Pi Zero-Familie ist beispielsweise eine winzige Version des Raspberry Pi in Originalgröße, bei der einige Merkmale – insbesondere die zahlreichen USB-Anschlüsse und der kabelgebundene Netzwerkanschluss – zugunsten eines deutlich kleineren Layouts und eines geringeren Stromverbrauchs weggelassen wurden.

Eines haben jedoch alle Raspberry Pi-Modelle gemeinsam: Sie sind untereinander *kompatibel*. Das bedeutet, dass Software, die für ein Modell geschrieben wurde, auf jedem anderen Modell ebenfalls läuft. Es ist sogar möglich, die neueste Version des Betriebssystems des Raspberry Pi auf einem Original-Prototyp des Modells B aus der Zeit vor der Markteinführung laufen zu lassen. Zwar wird alles etwas langsamer laufen, aber es wird funktionieren.

In diesem Handbuch erfährst du alles über den Raspberry Pi 4 Model B, Raspberry Pi 5, Raspberry Pi 400 und Raspberry Pi Zero 2 W – die neuesten und leistungsstärksten Versionen des Raspberry Pi. Was du hier lernst, lässt sich aber auch auf andere Modelle der Raspberry Pi-Familie anwenden – also mache dir keine Sorgen, falls du eine andere Version verwendest.

DER RASPBERRY PI 400

Wenn du einen Raspberry Pi 400 hast, ist die Leiterplatte in das Tastaturgehäuse eingebaut. Lies hier weiter, um mehr über alle Bauteile zu erfahren, die zum Raspberry Pi gehören, oder gehe zu „Der Raspberry Pi 400" auf Seite 10, um einen Überblick über das Gerät zu erhalten.

DER RASPBERRY PI ZERO 2 W

Wenn du einen Raspberry Pi Zero 2 W hast, sehen einige der Anschlüsse und Bauteile anders aus als beim Raspberry Pi 5. Lies weiter, um zu erfahren, wofür die einzelnen Komponenten dienen, oder gehe gleich zu „Der Raspberry Pi Zero 2 W" auf Seite 12.

Eine Führung durch den Raspberry Pi

Im Gegensatz zu einem herkömmlichen Computer, dessen Innenleben in einem Gehäuse versteckt ist, sind bei einem Raspberry Pi in der Standardausstattung alle Bauteile, Anschlüsse und Funktionen gut sichtbar – Du kannst aber auch ein Gehäuse kaufen, um es besser zu schützen. Das ist ideal, um die verschiedenen Teile eines Computers kennenzulernen und zu erfahren, wie man bestimmte Bauteile – genannt *Peripheriegeräte* – anschließen muss.

Abbildung 1-1 zeigt einen Raspberry Pi 5 von oben. Wenn du deinen Raspberry Pi zusammen mit diesem Handbuch verwendest, richtest du ihn am besten genauso aus wie auf den Abbildungen gezeigt; sonst kann es verwirrend sein, wenn es beispielsweise um die GPIO-Stiftleiste geht (beschrieben in Kapitel 6, *Physical Computing mit Scratch und Python*).

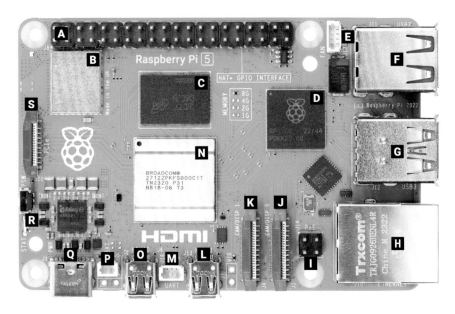

Abbildung 1-1   Raspberry Pi 5

A GPIO-Stiftleiste	**K** CSI/DSI Kamera/Display-Anschl. 1
B Drahtlos	**L** Micro HDMI 1
C RAM	**M** Serielle UART-Schnittstelle
D RP1 I/O Controller-Chip	**N** System-on-a-Chip
E Anschluss für Ventilator	**O** Micro HDMI 0
F USB 2.0	**P** Batteriekopf der Echtzeituhr
G USB 3.0	**Q** USB C-Stromversorgung
H Ethernet-Port	**R** Hauptschalter
I Power-over-Ethernet (PoE) Pins	**S** Anschluss für PCI Express (PCIe)
J CSI/DSI Kamera/Display-Anschl. 0	

Auch wenn die winzige Leiterplatte vollgepackt ist mit Funktionen, ist ein Raspberry Pi sehr einfach zu verstehen – angefangen bei seinen *Bauteilen*, dem Innenleben, das den Computer funktionsfähig macht.

Bauteile des Raspberry Pi

Wie jeder Computer besteht der Raspberry Pi aus verschiedenen Komponenten, die jeweils eine bestimmte Funktion übernehmen. Die erste und wohl wichtigste davon befindet sich gleich links von der Mitte der Leiterplatte (**Abbildung 1-2**) und ist mit einer Metallkappe abgedeckt: Das ist das *System-on-a-Chip* (SoC).

Der Name „System-on-a-Chip" ist ein guter Hinweis darauf, was sich unter der Metallabdeckung versteckt: ein Siliziumchip, bekannt als *integrierter Schaltkreis*, der den Großteil des Systems des Raspberry Pi enthält. Dazu gehören die *Central Processing Unit* (CPU oder „Zentraleinheit"), das eigentliche „Gehirn" des Computers, und der *Grafikprozessor* (GPU), der für die grafische Ausgabe sorgt.

Ein Gehirn ist jedoch nichts wert ohne „Gedächtnis" (Speicher), und genau das findest du oberhalb des SoC: einen kleinen, schwarzen, kunststoffummantelten, rechteckigen Speicherchip (**Abbildung 1-3**). Das ist das *RAM (Random-Access Memory) oder Arbeitsspeicher* des Raspberry Pi. Während du mit dem Raspberry Pi arbeitest, werden deine Daten hier im RAM vorgehalten. Erst wenn du deine Arbeit speicherst, wird sie in den dauerhaften Speicher der microSD-Karte geschrieben. Zusammen bilden diese Komponenten den *flüchtigen* und den *nichtflüchtigen Speicher* des Raspberry Pi. Der Inhalt im flüchtigen RAM geht verloren, sobald der Raspberry Pi ausgeschaltet wird, während die nichtflüchtige microSD-Karte ihren Inhalt behält und dauerhaft speichert.

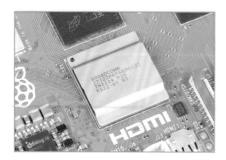

Abbildung 1-2
Das System-on-a-Chip (SoC) des Raspberry Pi

Abbildung 1-3
Der flüchtige Arbeitsspeicher (RAM) des Raspberry Pi

Oben links auf der Leiterplatte findest du eine weitere Metallkappe (**Abbildung 1-4**), die die *Funkeinheit* abdeckt, die Komponente, mit der der Raspberry Pi drahtlos mit anderen Geräten kommunizieren kann. Die Funkeinheit besteht aus zwei Hauptkomponenten: einem *WLAN-Teil,* das die Verbindung zu Computernetzwerken herstellt und einem *Bluetooth-Teil* zur Verbindung mit Peripheriegeräten wie der Maus und zum Austausch (Senden und Empfangen) von Daten mit in der Nähe befindlichen intelligenten Geräten wie Sensoren oder Smartphones.

Ein schwarzer, kunststoffummantelter Chip mit dem Raspberry Pi-Logo befindet sich auf der rechten Seite der Leiterplatte, in der Nähe der USB-Anschlüsse (**Abbildung 1-5**). Dies ist *RP1*, ein kundenspezifischer I/O-Controller-Chip, der mit den vier USB-Ports, dem Ethernet-Port und den meisten Low-Speed-Schnittstellen mit anderer Hardware kommuniziert.

Abbildung 1-4
Das Funkmodul des Raspberry Pi

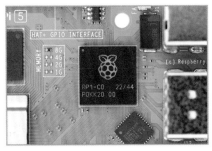

Abbildung 1-5
Der RP1 Controller-Chip

Ein weiterer schwarzer Chip, kleiner als der Rest, befindet sich etwas oberhalb des USB-C-Stromanschlusses unten links auf der Leiterplatte (**Abbildung 1-6**). Dies ist ein sogenannter *PMIC, Power Management Integrated Circuit.* Er nimmt den Strom, der vom USB-C-Anschluss kommt, und wandelt ihn in den Strom um, den der Raspberry Pi zum Betrieb benötigt.

Der letzte schwarze Chip, in einem schrägen Winkel unterhalb des RP1 angeordnet, hilft dem RP1 bei der Handhabung des Ethernet-Ports des Raspberry Pi. Er bietet einen so genannten *Ethernet-PHY*, der die *physische* Schnittstelle zwischen dem Ethernet-Port selbst und dem Ethernet-Controller im RP1-Chip bildet.

Mach dir keine Sorgen, wenn du von all diesen Infos ein wenig überwältigt bist. Du musst nicht wissen, was jede Komponente ist oder wo genau sie auf der Leiterplatte sitzt, um den Raspberry Pi zu benutzen.

Abbildung 1-6
Der Power Management Integrated Circuit (PMIC)
des Raspberry Pi

Anschlüsse des Raspberry Pi

Der Raspberry Pi verfügt über eine Reihe von Anschlüssen, beginnend mit
vier *USB (Universal Serial Bus)-Anschlüssen* (**Abbildung 1-7**), die sich in der
Mitte und oben am rechten Rand befinden. Über diese Anschlüsse kannst du
jedes USB-kompatible Peripheriegerät – wie Tastaturen, Mäuse, Digitalkame-
ras und USB-Sticks – an den Raspberry Pi anschließen. Technisch gesehen
gibt es auf dem Raspberry Pi zwei Arten von USB-Anschlüssen, die sich jeweils auf einen anderen Universal Serial Bus-Standard beziehen: diejenigen
mit schwarzen Plastikteilen im Inneren sind USB-2.0-Anschlüsse und die mit
blauen Teilen sind neuere, schnellere USB-3.0-Anschlüsse.

Rechts neben den USB-Anschlüssen befindet sich ein *Ethernet-Anschluss*,
auch bekannt als *Netzwerkanschluss* (**Abbildung 1-8**). Diesen Anschluss
kannst du verwenden, um den Raspberry Pi über ein Kabel mit einem sogenannten RJ45-Stecker an seinem Ende an ein drahtgebundenes Compu-
ternetzwerk anzuschließen. Wenn du dir den Ethernet-Anschluss genau
anschaust, siehst du unten zwei Leuchtdioden (LEDs). Dies sind Status-LEDs,
die anzeigen, dass die Verbindung funktioniert.

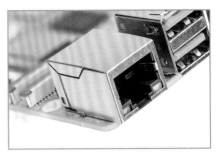

Abbildung 1-7
USB-Anschlüsse des Raspberry Pi

Abbildung 1-8
Ethernet-Anschluss des Raspberry Pi

Gleich links neben dem Ethernet-Port, an der Unterkante des Raspberry Pi, befindet sich ein *Power-over-Ethernet (PoE) Anschluss* (**Abbildung 1-9**). In Verbindung mit dem Raspberry Pi 5 PoE+ *HAT – Hardware Attached on Top*, einer speziell für den Raspberry Pi entwickelten Zusatzleiterplatte – und einem geeigneten PoE-fähigen Netzwerk-Switch kannst du den Raspberry Pi über seinen Ethernet-Port mit Strom versorgen, ohne etwas in den USB-Type-C-Anschluss einstecken zu müssen. Derselbe Anschluss ist auch beim Raspberry Pi 4 vorhanden, allerdings an einer anderen Stelle. Raspberry Pi 4 und Raspberry Pi 5 verwenden unterschiedliche HATs für die PoE-Unterstützung.

Direkt links neben dem PoE-Anschluss befinden sich zwei merkwürdig aussehende Anschlüsse mit Plastikklappen, die du hochziehen kannst. Dies sind die *Kamera- und Display-Anschlüsse*, auch bekannt als die *Camera Serial Interface (CSI) und Display Serial Interface (DSI)-Anschlüsse* (**Abbildung 1-10**).

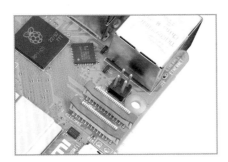

Abbildung 1-9
Der Power-over-Ethernet-Anschluss des Raspberry Pi

Abbildung 1-10
Kamera- und Display-Anschlüsse des Raspberry Pi

Diese Anschlüsse kannst du verwenden, um ein DSI-kompatibles Display wie das Raspberry Pi Touchscreen Display oder die speziell entwickelte Familie der Raspberry Pi Kameramodule anzuschließen (siehe **Abbildung 1-11**). Mehr über Kameramodule erfährst du in Kapitel 8, *Raspberry Pi-Kameramodule*. Jeder der beiden Anschlüsse kann als Kameraeingang oder Displayausgang dienen, sodass du zwei CSI-Kameras, zwei DSI-Displays oder eine CSI-Kamera und ein DSI-Display an einem einzigen Raspberry Pi 5 betreiben kannst.

Links neben den Kamera- und Display-Anschlüssen, ebenfalls am unteren Rand der Leiterplatte, befinden sich die *Micro High-Definition Multimedia Interface (micro HDMI)-Anschlüsse*. Dies sind kleinere Versionen der Anschlüsse, die du an einer Spielkonsole, einer Set-Top-Box oder einem Fernseher findest (**Abbildung 1-12**). Die Bezeichnung „Multimedia" im Namen weist darauf hin, dass die Schnittstelle sowohl Audio- als auch Videosignale überträgt. „High-Definition" bezieht sich auf die hohe Qualität der Auflösung. Diese HDMI-Anschlüsse werden verwendet, um den Raspberry Pi an ein oder zwei Displays anzuschließen, z.B. einen Computermonitor, einen Fernseher oder einen Beamer.

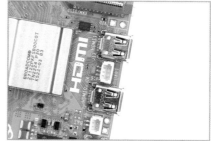

Abbildung 1-11
Das Kameramodul des Raspberry Pi

Abbildung 1-12
Micro-HDMI-Anschlüsse des Raspberry Pi

Zwischen den beiden Mikro-HDMI-Anschlüssen befindet sich ein kleiner Anschluss mit der Bezeichnung UART, der den Zugang zu einer *Universal Asynchronous Receiver-Transmitter (UART) seriellen Schnittstelle* herstellt. In diesem Handbuch verwenden wir diesen Anschluss nicht, aber du wirst ihn vielleicht in Zukunft für die Kommunikation oder zur Fehlerbeseitigung bei komplexeren Projekten benötigen.

Links neben den Mikro-HDMI-Anschlüssen befindet sich ein weiterer kleiner Anschluss mit der Bezeichnung BAT, an den du eine kleine Batterie anschließen kannst, damit die *Echtzeituhr (RTC = Real Time Clock)* auch dann weiterläuft, wenn der Raspberry Pi nicht an sein Netzteil angeschlossen ist. Für die Arbeit mit dem Raspberry Pi musst du keine Batterie anschließen: Er aktualisiert seine Uhr automatisch beim Einschalten, solange er Zugang zum Internet hat.

Unten links auf der Karte befindet sich ein *USB-C-Stromanschluss* (**Abbildung 1-13**), um den Raspberry Pi über ein kompatibles USB-C-Netzteil mit Strom zu versorgen. Der USB-C-Anschluss wird häufig bei Smartphones, Tablets und anderen tragbaren Geräten verwendet. Du kannst zwar ein normales mobiles Ladegerät verwenden, um deinen Raspberry Pi mit Strom zu versorgen, aber für beste Ergebnisse solltest du das offizielle USB-C-Netzteil für den Raspberry Pi nutzen. Es bewältigt die plötzlichen Änderungen im Strombedarf besser, die auftreten können, wenn der Raspberry Pi besonders knifflige Probleme löst.

Am linken Rand der Leiterplatte befindet sich ein kleiner Knopf, der nach außen zeigt. Das ist der neue Raspberry Pi 5 *Hauptschalter*, mit dem du den Raspberry Pi sicher herunterfahren kannst, wenn du damit fertig bist zu arbeiten. Dieser Knopf ist auf dem Raspberry Pi 4 und älteren Leiterplatten nicht vorhanden.

Oberhalb des Hauptschalters befindet sich ein weiterer Anschluss (**Abbildung 1-14**), der auf den ersten Blick wie eine kleinere Version der CSI- und DSI-Anschlüsse aussieht. Dieser fast schon vertraute Anschluss verbindet den Raspberry Pi mit dem *PCI Express (PCIe) Bus*, eine Hochgeschwindigkeits-Schnittstelle für Zusatzhardware wie Solid State Disks (SSDs). Zur Nutzung des PCIe-Bus benötigst du den Raspberry Pi PCIe HAT-Zusatz, um diesen kompakten Anschluss in einen gängigeren *M.2-Standard PCIe-Steckplatz* zu verwandeln. Du benötigst den HAT jedoch nicht, um den Raspberry Pi in vollem Umfang zu nutzen. Ignoriere also diesen Anschluss einfach, bis du ihn brauchst.

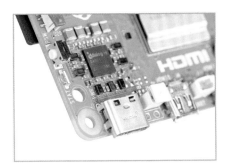

Abbildung 1-13
USB-C-Stromanschluss des Raspberry Pi

Abbildung 1-14
Der Anschluss für PCI Express

Am oberen Rand der Leiterplatte befinden sich 40 Metallpins, die in zwei Reihen zu je 20 Pins aufgeteilt sind (**Abbildung 1-15**). Sie bilden die *General-Purpose Input/Output (GPIO)-Stiftleiste*. Diese ist ein wichtiges Feature des Raspberry Pi, das dazu dient, mit zusätzlicher Hardware von LEDs und Tastern bis hin zu Temperatursensoren, Joysticks und Pulsfrequenzmessgeräten zu kommunizieren. Mehr über die GPIO-Stiftleiste erfährst du in Kapitel 6, *Physical Computing mit Scratch und Python*.

Es gibt noch einen letzten Anschluss am Raspberry Pi, aber der ist von oben nicht sichtbar. Auf der Unterseite der Karte findest du einen *microSD-Karten-Anschluss,* der sich fast genau unter dem mit PCIe gekennzeichneten Anschluss auf der Oberseite befindet (**Abbildung 1-16**). Dies ist der Speicher des Raspberry Pi. Die hier eingesetzte microSD-Karte enthält alle Dateien, die du speicherst, sowie jegliche Software, die du installierst, und das Betriebssystem, das den Raspberry Pi in Gang hält. Du kannst den Raspberry Pi auch ohne microSD-Karte betreiben, indem du seine Software über das Netzwerk, von einem USB-Laufwerk oder von einer M.2 SSD lädst. Für die Übungen in diesem Handbuch machen wir es möglichst einfach und verwenden eine microSD-Karte als Speicher.

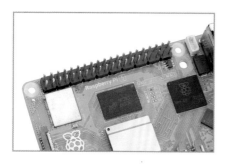

Abbildung 1-15
Die GPIO-Stiftleiste des Raspberry Pi

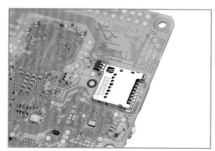

Abbildung 1-16
Der microSD-Karten-Anschluss

Der Raspberry Pi 400

Der Raspberry Pi 400 enthält dieselben Bauteile wie der Raspberry Pi 4, einschließlich des System-on-a-Chip und des Arbeitsspeichers, ist aber in einem praktischen Tastaturgehäuse verbaut. Dies schützt nicht nur die Elektronik, sondern nimmt auch weniger Platz auf deinem Schreibtisch ein und hilft, Kabelsalat zu vermeiden.

Zwar kannst du so die internen Bauteile nicht so leicht sehen, dafür aber die externen Teile, angefangen bei der Tastatur selbst (**Abbildung 1-17**). In der oberen rechten Ecke befinden sich drei Leuchtdioden (LEDs). Die erste leuchtet auf, wenn du die **Num Lock**-Taste drückst. Sie bewirkt, dass bestimmte Tasten wie der Nummernblock auf einer Standardtastatur funktionieren. Die zweite leuchtet auf, wenn du die Feststelltaste drückst, um in Groß- statt Kleinbuchstaben zu tippen. Die dritte LED leuchtet, wenn der Raspberry Pi 400 eingeschaltet ist.

Die Anschlüsse befinden sich auf der Rückseite des Raspberry Pi 400 (**Abbildung 1-18**). Der Anschluss ganz links ist die General-Purpose Input/Output (GPIO)-Stiftleiste. Dies ist dieselbe Stiftleiste, die in **Abbildung 1-15** be-

Abbildung 1-17   Der Raspberry Pi 400 besitzt eine integrierte Tastatur

schrieben ist, jedoch umgedreht. Der erste Stift, Stift 1, befindet sich oben rechts, während der letzte Stift, Stift 40, unten links liegt. Mehr über die GPIO-Stiftleiste erfährst du in Kapitel 6, *Physical Computing mit Scratch und Python.*

Abbildung 1-18   Die Anschlüsse befinden sich an der Rückseite des Raspberry Pi 400

Neben der GPIO-Stiftleiste befindet sich Der microSD-Kartensteckplatz befindet sich neben der GPIO-Stiftleiste. Wie der Steckplatz an der Unterseite des Raspberry Pi 5 nimmt dieser die microSD-Karte auf, die als Speicher für das Betriebssystem, Anwendungen und andere Daten des Raspberry Pi 400 dient. Im Raspberry Pi 400 ist eine microSD-Karte bereits installiert. Um sie zu entfernen, drückst du leicht auf die Karte, bis sie einrastet und herausspringt, und ziehst sie dann ganz heraus. Wenn du sie wiedereinsetzt, musst du darauf achten, dass die glänzenden Metallkontakte nach unten zeigen. Drücke die Karte vorsichtig hinein, bis sie mit einem Klick einrastet.

Die nächsten beiden Anschlüsse sind die Micro-HDMI-Anschlüsse, an die du einen Monitor, ein Fernsehgerät oder ein anderes Display anschließen kannst. Wie der Raspberry Pi 4 unterstützt auch der Raspberry Pi 400 bis zu zwei Displays. Neben diesen befindet sich der USB- C-Stromanschluss, an den du ein offizielles Raspberry Pi-Netzteil oder ein anderes kompatibles USB-C-Netzteil anschließen kannst.

Die beiden blauen Anschlüsse sind USB-3.0-Anschlüsse, die eine Hochgeschwindigkeitsverbindung zu Geräten wie Solid-State-Laufwerken (SSDs), Speichersticks, Druckern und anderen ermöglichen. Der weiße Anschluss rechts davon ist ein USB-2.0-Anschluss mit geringerer Geschwindigkeit. Diesen kannst du für die Raspberry Pi-Maus verwenden, die im Lieferumfang des Raspberry Pi 400 enthalten ist.

Der letzte Anschluss ist ein Gigabit-Ethernet-Netzwerkanschluss, über den du den Raspberry Pi 400 mit einem RJ45-Kabel an dein Netzwerk anschließen kannst, anstatt das in das Gerät eingebaute WiFi-Funkgerät zu verwenden. Weitere Informationen über den Anschluss des Raspberry Pi 400 an ein Netzwerk findest du in Kapitel 2, *Erste Schritte mit deinem Raspberry Pi*.

Der Raspberry Pi Zero 2 W

Der Raspberry Pi Zero 2 W (**Abbildung 1-19**) bietet viele der gleichen Funktionen wie die anderen Modelle der Raspberry Pi-Familie, aber in einem deutlich kompakteren Design. Er ist preisgünstiger und verbraucht weniger Strom, aber er ist mit weniger Anschlüssen ausgestattet als die größeren Modelle.

Abbildung 1-19   Der Raspberry Pi Zero 2 W

Anders als der Raspberry Pi 5 und der Raspberry Pi 400 hat der Raspberry Pi Zero 2 W keinen kabelgebundenen Ethernet-Port. Du kannst ihn aber trotzdem mit einem Netzwerk verbinden, jedoch nur über eine WiFi-Verbindung. Mehr über den Anschluss des Raspberry Pi Zero 2 W an ein Netzwerk erfährst du in Kapitel 2, *Erste Schritte mit deinem Raspberry Pi*.

Auch beim System-on-a-Chip ist ein Unterschied zu sehen. Er ist schwarz statt silbern und es ist kein separater RAM-Chip sichtbar. Das kommt daher, dass die beiden Teile – SoC und RAM – in einem Chip vereint sind, der mit einem geätzten Raspberry Pi-Logo gekennzeichnet und ungefähr in der Mitte der Leiterplatte platziert ist.

Ganz links auf der Leiterplatte befindet sich der übliche microSD-Kartensteckplatz für Speicher und darunter ein einzelner Mini-HDMI-Anschluss für Video und Audio. Im Gegensatz zum Raspberry Pi 5 und zum Raspberry Pi 400 unterstützt der Raspberry Pi Zero 2 W nur ein einziges Display.

Auf der rechten Seite befinden sich zwei Micro-USB-Anschlüsse. Der linke, mit USB gekennzeichnete, ist ein USB-On-The-Go (OTG)-Anschluss, der mit OTG-Adaptern kompatibel ist, um Tastaturen, Mäuse, USB-Hubs oder andere Peripheriegeräte anzuschließen. Der rechte, mit PWR IN gekennzeichnete, ist der Stromanschluss. Du kannst ein Netzteil, das für den Raspberry Pi 4 oder den Raspberry Pi 400 entwickelt wurde, nicht mit dem Raspberry Pi Zero 2 W verwenden, da diese andere Anschlüsse verwenden.

Ganz rechts auf der Leiterplatte befindet sich eine serielle Kamera-Schnittstelle, über die du ein Raspberry Pi Kameramodul anschließen kannst. Mehr dazu erfährst du in Kapitel 8, *Raspberry Pi-Kameramodule*.

Schließlich verfügt der Raspberry Pi Zero 2 W über dieselbe 40-polige General-Purpose Input/Output (GPIO)-Stiftleiste wie seine größeren Brüder, aber er wird *unbestückt* geliefert. Das heißt, die Pins sind nicht montiert. Um die GPIO-Stiftleiste zu verwenden, musst du eine 2×20 2,54 mm *Stiftleiste* einlöten – oder du kaufst dir den Raspberry Pi Zero 2 WH, bei dem die Stiftleiste bereits eingelötet ist.

Kapitel 2

Erste Schritte mit deinem Raspberry Pi

Entdecke das wesentliche Zubehör, das du für deinen Raspberry Pi brauchst, und erfahre, wie du alles miteinander verbinden kannst, um den Raspberry Pi einsatzbereit zu machen.

Der Raspberry Pi ist auf schnelle und einfache Einrichtung und Benutzung ausgelegt. Wie jeder Computer ist er aber auch auf verschiedene externe Teile angewiesen, sogenannte *Peripheriegeräte*. Ein Blick auf die Leiterplatte des Raspberry Pis zeigt, dass er sich deutlich von den in ihrem Gehäuse verkapselten, geschlossenen Computern unterscheidet, die du vermutlich überall siehst. Vielleicht befürchtest du jetzt, dass das die Sache für dich schwierig macht. Keine Angst, dem ist nicht so. Wenn du die schrittweise Anleitung in diesem Handbuch befolgst, kannst du schon in weniger als 10 Minuten mit deinem Raspberry Pi zu arbeiten beginnen.

Wenn du dieses Handbuch in einem Raspberry Pi Desktop Kit oder zusammen mit einem Raspberry Pi 400 erhalten hast, hast du schon fast alles, was du für den Anfang brauchst. Was du zusätzlich brauchst, ist ein Computermonitor oder ein Fernseher mit einem HDMI-Anschluss – der gleiche Anschluss wie bei Blu-Ray-Playern und Spielkonsolen – damit du sehen kannst, was dein Raspberry Pi macht. Wenn du deinen Raspberry Pi ohne Zubehör gekauft hast, dann brauchst du Folgendes:

▶ **USB-Netzteil** – Ein 5-V-Netzteil mit einer Nennleistung von 5 Ampere (5A) und einem USB-C-Anschluss für den Raspberry Pi 5, ein 5-V-Netzteil mit einer Nennleistung von 3 Ampere (3A) und einem USB-C-Anschluss für den Raspberry Pi 4 Model B oder den Raspberry Pi 400, oder ein 5-V-Netzteil mit einer Nennleistung von 2,5 Ampere (2,5A) und einem Micro-USB-Anschluss für den Raspberry Pi Zero 2 W. Wir empfehlen die offiziellen Raspberry Pi-Netzteile, da sie den schnell fluktuierenden Leistungsanforderungen des Raspberry Pi gewachsen sind. Netzteile von Drittanbietern sind möglicherweise nicht in der Lage, den Stromfluss zu ändern, und können Probleme mit der Stromversorgung deines Raspberry Pi verursachen.

▸ **microSD-Karte** – Die microSD-Karte dient als permanenter Speicher für den Raspberry Pi. Alle Dateien, die du erstellst, und jegliche Software, die du installierst, sowie das Betriebssystem selbst, werden auf dieser Karte gespeichert. Eine 8 GB Karte reicht für den Einstieg, eine 16 GB Karte bietet aber mehr Platz für Daten, Projekte und Software. Die Raspberry Pi Desktop Kits enthalten eine microSD-Karte mit vorinstalliertem Raspberry Pi-Betriebssystem („OS"); Anweisungen zur Installation eines OS auf einer leeren Karte findest du unter Anhang A, *Installieren eines Betriebssystems auf einer microSD-Karte*.

Abbildung 2-1
USB-Netzteil

Abbildung 2-2
microSD-Karte

▸ **USB-Tastatur und -Maus** – Mit der Tastatur und der Maus kannst du deinen Raspberry Pi steuern. Nahezu alle kabelgebundenen oder kabellosen Tastaturen und Mäuse mit USB-Anschluss funktionieren mit dem Raspberry Pi, obwohl gewisse Gaming-Tastaturen mit RGB-Tastenbeleuchtung möglicherweise zu viel Strom ziehen, um zuverlässig genutzt werden zu können. Der Raspberry Pi Zero 2 W benötigt einen Micro-USB-OTG-Adapter, und wenn du mehr als ein USB-Gerät gleichzeitig anschließen willst, brauchst du einen USB-Hub mit Stromanschluss.

▸ **Micro-HDMI-Kabel** – Dieses Kabel überträgt Ton und Bild vom Raspberry Pi zum Fernseher oder Monitor. Die Modelle Raspberry Pi 4, Raspberry Pi 5 und Raspberry Pi 400 benötigen ein Kabel mit einem Micro-HDMI-Anschluss an einem Ende. Der Raspberry Pi Zero 2 W hingegen braucht ein Kabel mit einem Mini-HDMI-Anschluss. Das andere Ende sollte einen HDMI-Anschluss in voller Größe für deinen Bildschirm haben. Du kannst auch einen Mikro- oder Mini-

HDMI-zu-HDMI-Adapter zusammen mit einem Standard-HDMI-Kabel in normaler Größe verwenden. Wenn du einen Monitor ohne HDMI-Anschluss verwendest, kannst du Adapter kaufen, um ihn auf DVI-D-, DisplayPort- oder VGA-Anschlüsse umzustellen.

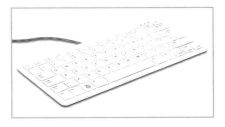

Abbildung 2-3
USB-Tastatur

Abbildung 2-4
HDMI-Kabel

Der Raspberry Pi kann problemlos ohne Gehäuse verwendet werden, du darfst ihn aber nicht auf eine Metalloberfläche legen, die Elektrizität leiten und einen Kurzschluss verursachen könnte. Ein optionales Gehäuse schützt deinen Computer. Das Desktop-Kit enthält das offizielle Raspberry Pi-Gehäuse, viele Händler bieten Gehäuse von Drittherstellern an.

Wenn du den Raspberry Pi 4, den Raspberry Pi 5 oder den Raspberry Pi 400 nicht in einem Wi-Fi-Netzwerk, sondern in einem kabelgebundenen Netzwerk verwenden möchtest, benötigst du außerdem ein Ethernet-Netzwerkkabel. Dieses sollte an einem Ende mit dem Switch oder Router deines Netzwerks verbunden sein. Wenn du vorhast, das eingebaute WLAN des Raspberry Pi zu verwenden, brauchst du kein Kabel. Du musst aber den Namen und den Schlüssel oder das Passwort für das drahtloses Netzwerk kennen.

RASPBERRY PI 400 – EINRICHTEN

Die folgenden Anweisungen gelten für die Einrichtung des Raspberry Pi 5 oder eines anderen Bare-Board Mitglieds der Raspberry Pi-Familie. Für den Raspberry Pi 400, siehe „Einrichten des Raspberry Pi 400" auf Seite 27.

Einrichten der Hardware

Nimm zuerst deinen Raspberry Pi aus seiner Schachtel. Der Raspberry Pi ist robuste Hardware. Das bedeutet aber nicht, dass er unzerstörbar ist. Gewöhne dir an, die Leiterplatte an den Kanten statt an den flachen Seiten zu halten, und sei besonders vorsichtig mit den herausragenden Metallstiften. Wenn diese Stifte verbogen sind, erschwert das die Verwendung von Zusatzplatinen und anderer zusätzlicher Hardware und kann im schlimmsten Fall einen Kurzschluss verursachen, der deinen Raspberry Pi beschädigt. Siehe Kapitel 1, *Lerne deinen Raspberry Pi kennen*, für Details darüber, wo sich die Anschlüsse befinden und wofür sie verwendet werden.

Zusammenbau des Raspberry Pi-Gehäuses

Wenn du den Raspberry Pi 5 in einem Gehäuse installieren willst, beginnst du am besten mit diesem Schritt. Bei Verwendung des offiziellen Raspberry Pi-Gehäuses zerlegst du dieses zunächst in seine zwei Einzelteile: die rote Schale und den weißen Deckel. Halte die Schale so, dass das erhöhte Ende sich von dir aus gesehen links und das niedrigere rechts befindet.

Halte den Raspberry Pi 5 ohne eingelegte microSD-Karte an den USB- und Ethernet-Ports leicht schräg. Senke die andere Seite vorsichtig in die Schale, damit das Ganze wie in **Abbildung 2-5** aussieht. Du solltest ein Klicken spüren und hören, wenn du ihn flach in die Schale setzt.

Als Nächstes steckst du den weißen JST-Stecker des Lüfters in die Lüfterbuchse am Raspberry Pi 5, wie in **Abbildung 2-6** gezeigt. Er passt nur in eine Richtung, du kannst ihn also nicht verkehrt herum einstecken.

Abbildung 2-5
Der Raspberry Pi 5 in seinem Gehäuse

Abbildung 2-6
Einstecken des Lüftersteckers

Der Lüfter sollte schon in der Lüfterbaugruppe und diese in ihren Rahmen eingesetzt sein, wenn du sie aus der Verpackung nimmst. Wenn nicht, kannst du alles zusammenklicken. Setze die Lüfterbaugruppe und den Rahmen wie in **Abbildung 2-7** gezeigt ein und drücke sie vorsichtig nach unten, bis du ein Klicken spürst und hörst.

Wenn du alles in der Schale abdecken möchtest, nimm den optionalen weißen Deckel und positioniere ihn so, dass sich das Raspberry Pi-Logo über den USB- und Ethernet-Anschlüssen des Raspberry Pi 5 befindet, wie in **Abbildung 2-8** gezeigt. Um ihn zu befestigen, drückst du vorsichtig auf die Mitte des Deckels, bis du ein Klicken hörst.

Abbildung 2-7
Anbringen der Lüfterbaugruppe und des Rahmens

Abbildung 2-8
Aufsetzen des Deckels auf das Gehäuse

HATs

Du kannst einen HAT (Hardware Attached on Top) direkt auf dem Raspberry Pi 5 anbringen, indem du die Lüfterbaugruppe entfernst, oder du kannst ihn mit 14 mm hohen Abstandshaltern und einem 19-mm-GPIO-Extender auf die Lüfterbaugruppe und den Rahmen setzen. Diese sind separat bei autorisierten Händlern erhältlich.

Zusammenbau des Raspberry Pi Zero-Gehäuses

Wenn du den Raspberry Pi Zero 2 W in einem Gehäuse benutzen möchtest, beginnst du am besten mit diesem Schritt. Wenn du das offizielle Raspberry Pi Zero-Gehäuse verwendest, packst du es zunächst aus. Du solltest vier Teile haben: eine rote Schale und drei weiße Deckel.

Wenn du den Raspberry Pi Zero 2 verwendest, solltest du den stabilen Deckel benutzen. Wenn du die GPIO-Stiftleiste verwenden willst, über die du in Kapitel 6, *Physical Computing mit Scratch und Python* mehr erfährst, wählst du den Deckel mit dem langen rechteckigen Loch. Und wenn du ein Kameramodul 1 oder 2 hast, wählst du den Deckel mit dem runden Loch.

Das Kameramodul 3 und das High Quality (HQ) Kameramodul sind nicht mit dem Kameradeckel des Raspberry Pi Zero-Gehäuses kompatibel und müssen außerhalb des Gehäuses verwendet werden. Am Ende des Raspberry Pi Zero-Gehäuse befindet sich eine Aussparung für das Kamerakabel.

Lege die rote Schale flach auf den Tisch, sodass die Aussparungen für die Anschlüsse zu dir zeigen, wie in **Abbildung 2-9** dargestellt.

Halte deinen Raspberry Pi Zero (mit eingelegter microSD-Karte) an den Kanten der Leiterplatte und richte ihn so aus, dass die kleinen runden Bolzen in den Ecken der Basis in die Befestigungslöcher an den Ecken der Leiterplatte des Raspberry Pi Zero 2 W passen. Wenn sie aufgereiht sind (**Abbildung 2-10**), drückst du den Raspberry Pi Zero 2 W vorsichtig nach unten, bis du ein Klicken hörst und die Anschlüsse mit den Aussparungen im Sockel ausgerichtet sind.

Abbildung 2-9
Das Raspberry Pi Zero-Gehäuse

Abbildung 2-10
Einsetzen des Zero in sein Gehäuse

Nimm den weißen Deckel deiner Wahl und lege ihn auf die Schale des Raspberry Pi Zero Gehäuses, wie in **Abbildung 2-11** gezeigt. Wenn du den Deckel des Kameramoduls verwendest, achte darauf, dass das Kabel nicht eingeklemmt wird. Wenn der Deckel aufgesetzt ist, drücke ihn vorsichtig nach unten, bis du ein Klicken hörst.

An dieser Stelle kannst du auch die mitgelieferten Gummifüße auf den Boden des Gehäuses kleben (siehe **Abbildung 2-12**). Drehe das Gehäuse um, ziehe die Füße von der Schutzfolie ab und klebe sie in die kreisförmigen Vertiefungen auf dem Boden, um einen besseren Halt auf deinem Schreibtisch zu gewährleisten.

Abbildung 2-11
Anbringen des Deckels

Abbildung 2-12
Anbringen der Füße

Einstecken der microSD-Karte

Zum Installieren der microSD-Karte, die der *Speicher* des Raspberry Pi ist, drehst du den Raspberry Pi (im Gehäuse, wenn du eins verwendest) um und schiebst die Karte, mit dem Etikett vom Raspberry Pi weg zeigend, in den microSD-Steckplatz. Sie passt nur in eine Richtung und sollte sich mühelos einschieben lassen (siehe **Abbildung 2-13**).

Die microSD-Karte gleitet in den Anschluss und stoppt dann ohne ein Klicken.

Abbildung 2-13   Einstecken der microSD-Karte

Beim Raspberry Pi Zero 2 W befindet sich der microSD-Steckplatz oben auf der linken Seite. Lege die Karte so ein, dass das Etikett von deinem Raspberry Pi weg zeigt.

Wenn du die Karte später wieder entfernen möchtest, ziehst du sie einfach vorsichtig heraus. Bitte mache das nur, wenn der Raspberry Pi nicht an das Netzteil angeschlossen ist, um Schäden an deinen Daten zu vermeiden! Bei älteren Raspberry Pi Modellen musst du die Karte zuerst leicht drücken, um sie zu entsperren. Bei den Modellen Raspberry Pi 3, 4, 5 und beim Raspberry Pi Zero ist dies nicht notwendig.

Anschließen einer Tastatur und Maus

Schließe das USB-Kabel der Tastatur an einen der vier USB-Anschlüsse (2.0 oder 3.0) des Raspberry Pi an, wie in **Abbildung 2-14** gezeigt. Wenn du die offizielle Raspberry Pi Tastatur verwendest, befindet sich auf der Rückseite ein USB-Anschluss für die Maus. Andernfalls schließt du das USB-Kabel deiner Maus einfach an einen anderen USB-Anschluss des Raspberry Pi an.

Abbildung 2-14   Anschließen des USB-Kabels an einen Raspberry Pi 5

Für den Raspberry Pi Zero 2 W brauchst du ein Micro-USB-OTG-Adapterkabel. Stecke dieses in den linken Micro-USB-Anschluss und verbinde dann das USB-Kabel deiner Tastatur mit dem USB-OTG-Adapter.

Wenn du eine Tastatur mit einer separaten Maus und nicht mit einem integrierten Touchpad verwendest, brauchst du außerdem einen USB-Hub mit Stromanschluss. Schließe das Kabel des Micro-USB-OTG-Adapters wie oben beschrieben an und verbinde dann das USB-Kabel des Hubs mit dem USB-OTG-Adapter, bevor du deine Tastatur und Maus mit dem USB-Hub verbindest. Zum Schluss schließt du das Netzteil des Hubs an und schaltest es ein.

Die USB-Anschlüsse für Tastatur und Maus sollten ohne zu viel Druck hineingleiten. Wenn du den Stecker mit Gewalt einstecken musst, stimmt etwas nicht. Prüfe, ob du den USB-Stecker richtig herum eingesteckt hast!

TASTATUR UND MAUS

Tastatur und Maus sind die wichtigsten Geräte, über die du deinen Raspberry Pi steuern kannst. In der Informatik sind sie als *Eingabegeräte* bekannt, im Gegensatz zum Display (Bildschirm), das ein *Ausgabegerät* ist.

Anschließen eines Displays

Für den Raspberry Pi 4 und den Raspberry Pi 5 nimmst du das Mikro-HDMI-Kabel und verbindest das kleinere Ende mit dem Mikro-HDMI-Anschluss, der sich am nächsten zum USB Typ-C-Anschluss deines Raspberry Pi befindet. Schließe das andere Ende wie in **Abbildung 2-16** gezeigt an dein Display an.

Für den Raspberry Pi Zero 2 W (**Abbildung 2-15**) nimmst du das Mini-HDMI-Kabel und verbindest das kleinere Ende mit dem Mini-HDMI-Anschluss auf der linken Seite des Raspberry Pi, unter dem microSD-Slot. Das andere Ende schließt du an dein Display an.

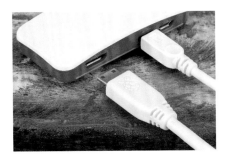

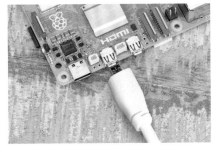

Abbildung 2-15
Anschließen des HDMI-Kabels an einen Raspberry Pi Zero

Abbildung 2-16
Anschließen des HDMI-Kabels an einen Raspberry Pi 5

Wenn dein Display mehr als einen HDMI-Anschluss hat, suche nach einer Nummer neben dem Anschluss. Du musst dann den Fernseher auf diesen Eingang schalten, um die Bildschirmausgabe des Raspberry Pi zu sehen. Wenn du keine Anschlussnummer findest, ist das kein Problem. Probiere es einfach mit jedem Eingang, bis du den Raspberry Pi findest.

TV-ANSCHLUSS

Auch wenn dein Fernseher oder Monitor keinen HDMI-Anschluss hat, kannst du den Raspberry Pi daran anschließen. Mit Adapterkabeln, die in jedem Elektronikfachgeschäft erhältlich sind, kannst du den Mikro- oder Mini-HDMI-Anschluss des Raspberry Pi in einen DVI-D-, DisplayPort- oder VGA-Anschluss umwandeln, um ihn mit anderen Computermonitoren zu verwenden.

Anschließen eines Netzwerkkabels (optional)

Um deinen Raspberry Pi an ein kabelgebundenes Netzwerk anzuschließen, nimmst du ein Netzwerkkabel – ein so genanntes Ethernet-Kabel – und schiebst es mit der Kunststoffklammer nach unten in den Ethernet-Anschluss des Raspberry Pi, bis du ein Klicken hörst (siehe **Abbildung 2-17**). Wenn du das Kabel entfernen musst, drückst du einfach die in Richtung des Steckers Kunststoffklammer nach innen und ziehst das Kabel vorsichtig wieder heraus.

Das andere Ende deines Netzwerkkabels sollte auf die gleiche Weise an einen beliebigen freien Anschluss des Netzwerk-Hubs, Switch oder Routers angeschlossen werden.

Anschließen eines Netzteils

Das Anschließen deines Raspberry Pi an ein Netzteil ist der letzte Schritt bei der Einrichtung der Hardware. Es ist das Letzte, was zu tun ist, bevor du mit dem Einrichten der Software beginnen kannst. Dein Raspberry Pi schaltet sich ein, sobald ein an den Strom angeschlossenes Netzteil eingesteckt wird.

Für die Modelle Raspberry Pi 4 und Raspberry Pi 5 verbindest du das USB-C-Ende des Netzteils mit dem USB-C-Stromanschluss des Raspberry Pi, wie in **Abbildung 2-18** gezeigt. Der Stecker kann dabei beliebig herum eingesteckt werden und sollte sanft hineingleiten. Wenn dein Netzteil über ein abnehmbares Kabel verfügt, stelle sicher, dass das andere Ende in das Gehäuse des Netzteils eingesteckt ist.

Abbildung 2-17
Verbinden des Raspberry Pi 5 mit dem Ethernet

Abbildung 2-18
Stromversorgung beim Raspberry Pi 5

Beim Raspberry Pi Zero 2 W verbindest du das Micro-USB-Ende des Netzteils mit dem rechten Micro-USB-Anschluss deines Raspberry Pi. Es kann nur in einer Richtung eingesetzt werden, also überprüfe seine Ausrichtung, bevor du es vorsichtig einsteckst.

Herzlichen Glückwunsch, du hast jetzt deinen Raspberry Pi zusammengebaut! Schließe dann das Netzteil an eine Steckdose an. Dein Raspberry Pi startet sofort.

Du siehst kurz einen regenbogenfarbenen Würfel, gefolgt von einem Informationsbildschirm mit einem Raspberry Pi-Logo. Möglicherweise erscheint auch ein blauer Bildschirm, während das Betriebssystem seine Größe anpasst, um deine microSD-Karte voll auszunutzen. Wenn du einen schwarzen Bildschirm siehst, warte einige Minuten. Beim ersten Ladevorgang muss der Raspberry Pi im Hintergrund etwas Arbeit erledigen, und das kann ein klein wenig dauern.

Nach einer Weile siehst du dann den Raspberry Pi OS Begrüßungsassistenten, wie in **Abbildung 2-20** gezeigt. Dein Betriebssystem kann jetzt konfiguriert werden, wie in Kapitel 3, *Verwendung deines Raspberry Pi* gezeigt.

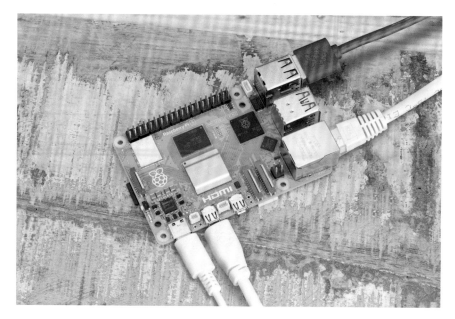

Abbildung 2-19 Dein Raspberry Pi ist jetzt einsatzbereit!

Abbildung 2-20 Der Raspberry Pi OS
Begrüßungsassistent

Einrichten des Raspberry Pi 400

Im Gegensatz zum Raspberry Pi 4 wird der Raspberry Pi 400 mit einer eingebauten Tastatur und einer bereits installierten microSD-Karte geliefert. Du musst noch ein paar Kabel anschließen, um anfangen zu können, aber das sollte nur wenige Minuten dauern.

Anschließen einer Maus

Die Tastatur des Raspberry Pi 400 ist bereits angeschlossen. Du musst also nur noch die Maus hinzufügen. Nimm das USB-Kabel am Ende der Maus und stecke es in einen der drei USB-Anschlüsse (2.0 oder 3.0) an der Rückseite des Raspberry Pi 400. Wenn du die beiden Hochgeschwindigkeits-USB-3.0-Anschlüsse für anderes Zubehör nutzen möchtest, verwendest du den weißen Anschluss.

Der USB-Anschluss sollte ohne zu viel Druck hineingleiten – siehe **Abbildung 2-21**. Wenn du den Stecker mit Gewalt einführen musst, ist etwas nicht in Ordnung. Prüfe, ob du den USB-Stecker richtig herum eingesteckt hast!

Anschließen eines Displays

Nimm das micro-HDMI-Kabel und verbinde das kleinere Ende mit dem micro-HDMI-Anschluss direkt neben dem microSD-Steckplatz deines Raspberry Pi 400, und das andere Ende mit dem Display, wie in **Abbildung 2-22** gezeigt. Wenn dein Display mehr als einen HDMI-Anschluss hat, suche nach einer Nummer neben dem Anschluss. Du musst den Fernseher dann auf diesen Eingang schalten, um die Bildschirmausgabe des Raspberry Pi zu sehen. Wenn du keine Anschlussnummer findest, kein Problem: Probiere es einfach mit jedem Eingang, bis du den Raspberry Pi findest.

Abbildung 2-21
Anschließen des USB-Kabels an einen Raspberry Pi 400

Abbildung 2-22
Anschließen des HDMI-Kabels an einen Raspberry Pi 400

Anschließen eines Netzwerkkabels (optional)

Um deinen Raspberry Pi 400 an ein kabelgebundenes Netzwerk anzuschließen, nimmst du ein Netzwerkkabel – ein sogenanntes Ethernet-Kabel – und schiebst es mit der Kunststoffklammer nach oben in den Ethernet-Anschluss des Raspberry Pi 400, bis du ein Klicken hörst (**Abbildung 2-23**). Wenn du das Kabel entfernen musst, drückst du einfach die Kunststoffklammer in Richtung des Steckers nach innen und ziehst das Kabel vorsichtig wieder heraus.

Abbildung 2-23   Verbinden des Raspberry Pi 400 mit dem Ethernet

Das andere Ende des Netzwerkkabels sollte auf die gleiche Weise an einen beliebigen freien Anschluss des Netzwerk-Hubs, Switch oder Routers angeschlossen werden.

Anschließen eines Netzteils

Der Anschluss des Raspberry Pi 400 an ein Netzteil ist der letzte Schritt im Hardware-Einrichtungsprozess. Du solltest es erst dann anschließen, wenn du bereit bist, die Software einzurichten. Der Raspberry Pi 400 verfügt über keinen Netzschalter und schaltet sich sofort ein, sobald ein an den Strom angeschlossenes Netzteil eingesteckt wird.

Schließe zunächst das USB-C-Ende des Netzteilkabels an den USB-C-Stromanschluss des Raspberry Pi an. Der Stecker kann dabei beliebig herum eingesteckt werden und sollte sanft hineingleiten. Wenn dein Netzteil über ein abnehmbares Kabel verfügt, stelle sicher, dass das andere Ende in das Gehäuse des Netzteils eingesteckt ist.

Schließe dann das Netzteil an eine Steckdose an. Dein Raspberry Pi 400 startet sofort. Herzlichen Glückwunsch, du hast jetzt deinen Raspberry Pi 400 zusammengebaut (**Abbildung 2-24**)!

Abbildung 2-24   Dein Raspberry Pi 400 ist fertig verkabelt!

Du siehst kurz einen regenbogenfarbenen Würfel, gefolgt von einem Informationsbildschirm mit einem Raspberry Pi-Logo. Möglicherweise erscheint auch ein blauer Bildschirm, während das Betriebssystem seine Größe anpasst, um deine microSD-Karte voll auszunutzen. Wenn du einen schwarzen Bildschirm siehst, warte einige Minuten: Beim ersten Ladevorgang muss der Raspberry Pi im Hintergrund etwas Arbeit erledigen und das kann ein klein wenig dauern.

Nach einer Weile siehst du dann den Raspberry Pi OS Willkommens-Assistenten, wie in **Abbildung 2-20** gezeigt. Dein Betriebssystem kann jetzt konfiguriert werden. Wie das geht, erfährst du in Kapitel 3, *Verwendung deines Raspberry Pi*.

Kapitel 3

Verwendung deines Raspberry Pi

Alles, was du über das Betriebssystem wissen solltest

Der Raspberry Pi kann eine große Vielfalt von Softwareprogrammen ausführen, darunter eine Reihe verschiedener Betriebssysteme. Das Betriebssystem, auch OS genannt, ist die Kernsoftware, die einen Computer am Laufen hält. Das Raspberry Pi OS ist das beliebteste unter ihnen und auch das offizielle Betriebssystem der Raspberry Pi Foundation. Es basiert auf Debian Linux und ist maßgeschneidert für Raspberry Pi Computer, mit einigen vorinstallierten Software-Extras. Das System ist sofort einsatzbereit.

Wenn du bisher nur mit Microsoft Windows oder Apple macOS vertraut bist, mach dir keine Sorgen. Das Raspberry Pi OS arbeitet ebenfalls mit Fenstern, Symbolen, Menüs und dem Mauszeiger. Es ist also ein sogenanntes WIMP-User Interface, mit dem du dich ganz schnell anfreunden wirst.

Lies weiter, um mehr über einige der mitgelieferten Softwareprogramme zu erfahren.

Der Begrüßungsassistent

Bei der ersten Inbetriebnahme des Raspberry Pi OS heißt dich der Begrüßungsassistent willkommen (**Abbildung 3-1**). Dieses hilfreiche Software-Tool führt dich durch die Einstellungen im Raspberry Pi OS, damit du auf Wunsch Anpassungen oder Änderungen vornehmen kannst. Man nennt das die *Konfiguration*.

Abbildung 3-1 Der Begrüßungsassistent

Klicke auf den Button **Next** und wähle dann dein Land, deine Sprache und deine Zeitzone, indem du auf die Dropdown-Felder klickst und eine Option auswählst (**Abbildung 3-2**). Wenn du eine Tastatur mit US-Layout verwendest, klickst du auf die Checkbox, um das richtige Tastaturlayout auszuwählen. Wenn du den Desktop und die Programme unabhängig von deiner Landessprache in Englisch sehen möchtest, klickst du auf die Checkbox **Use English language**, um sie anzukreuzen. Zum Schluss klickst du auf **Next**.

Abbildung 3-2 Auswahl einer Sprache und andere Einstellungen

Auf dem nächsten Bildschirm wirst du aufgefordert, einen Benutzername und ein Passwort zu wählen (**Abbildung 3-3**). Dein Benutzername muss mit einem Buchstaben beginnen und darf nur Kleinbuchstaben, Ziffern und Bindestriche enthalten. Du brauchst nun ein Passwort, das du dir gut merken kannst. Du wirst aufgefordert, es zweimal einzugeben, um sicherzugehen, dass dir kein Fehler unterlaufen ist. Wenn alles passt, klickst du auf **Next**.

Abbildung 3-3   Festlegen eines neuen Passworts

Auf dem folgenden Bildschirmbild kannst du dein WLAN-Netzwerk aus einer Liste wählen (**Abbildung 3-4**).

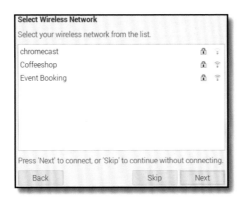

Abbildung 3-4   Auswahl eines drahtlosen Netzwerks

DRAHTLOSES NETZWERK

Ein integriertes drahtloses Netzwerk ist nur bei den Familien Raspberry Pi 3, Raspberry Pi 4, Raspberry Pi 5 und Raspberry Pi Zero W und Zero 2 W verfügbar. Bei Verwendung eines anderen Raspberry Pi Modells mit einem drahtlosen Netzwerk brauchst du einen USB-WLAN-Adapter.

Scrolle mit der Maus oder der Tastatur durch die Liste der Netzwerke, suche den Namen deines Netzwerks, markiere ihn und klicke dann auf **Next**. Unter der Annahme, dass dein drahtloses Netzwerk gesichert ist (was sehr zu empfehlen ist), wirst du nach dem Passwort (auch bekannt als „Pre-Shared Key") gefragt. Wenn du kein benutzerdefiniertes Passwort verwendest, findest du das Standardpasswort normalerweise auf einer Karte im Lieferumfang des Routers oder auf der Unterseite oder Rückseite des Routers selbst. Klicke auf **Next**, um eine Verbindung mit dem Netzwerk herzustellen. Wenn du keine Verbindung zu einem drahtlosen Netzwerk herstellen willst, klickst du auf **Skip**.

Als Nächstes wirst du aufgefordert, deinen *Standard-Webbrowser* aus den beiden im Raspberry Pi OS vorinstallierten Browsern auszuwählen: Chromium von Google (Standard) und Firefox von Mozilla (**Abbildung 3-5**). Lass Chromium zunächst als Standardeinstellung ausgewählt, damit du den Anleitungen in diesem Handbuch folgen kannst. Später kannst du jederzeit zu Firefox wechseln, wenn dir das lieber ist. Wenn du den Standardbrowser änderst, kannst du den nicht standardmäßigen Browser deinstallieren, um auf deiner microSD-Karte Platz zu schaffen. Kreuze einfach das Kästchen an und klicke auf den Button **Next**.

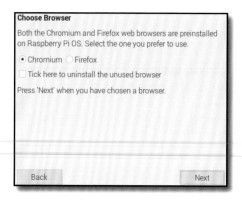

Abbildung 3-5   Auswahl eines Browsers

Auf dem nächsten Bildschirmbild kannst du nach Updates für Raspberry Pi OS und die anderen installierten Softwarepakete auf deinem Raspberry Pi suchen (**Abbildung 3-6**). Das Raspberry Pi OS wird regelmäßig aktualisiert, um Mängel zu beheben, neue Funktionen hinzuzufügen und die Leistung zu verbessern. Um diese Updates zu installieren, klickst du auf **Next**. Andernfalls klickst du auf **Skip**. Das Herunterladen der Updates kann einige Minuten dauern.

Wenn die Updates installiert sind, erscheint ein Fenster mit der Meldung „System is up to date". Klicke auf den Button **OK**.

Das letzte Bildschirmbild (**Abbildung 3-7**) enthält einen wichtigen Hinweis: Bestimmte Einstellungen werden erst dann wirksam, wenn du den Raspberry Pi neu startest (oder „Reboot"). Klicke auf den Button **Restart** und dein Raspberry Pi startet neu. Diesmal wird der Begrüßungsassistent nicht angezeigt. Dein Raspberry Pi ist einsatzbereit.

Abbildung 3-6 Auf Updates prüfen

Abbildung 3-7 Neustarten des Raspberry Pi

WARNHINWEIS!

Wenn du nach dem Starten deines Raspberry Pi in der oberen rechten Ecke die Nachricht „this power supply is not capable of supplying 5A" siehst, bedeutet das, dass du dein Netzteil durch eines ersetzen solltest, das den Raspberry Pi 5 unterstützt, wie z.B. das offizielle Raspberry Pi 5 Netzteil. Du kannst die Warnung auch ignorieren, aber bestimmte USB-Geräte mit hoher Leistung werden nicht funktionieren.

Wenn die Nachricht „low voltage warning" angezeigt wird, die von einem Blitzsymbol begleitet wird, solltest du deinen Raspberry Pi nicht mehr benutzen, bis du das Netzteil austauschen kannst. *Spannungsabfälle* von minderwertigen Netzteilen können dazu führen, dass der Raspberry Pi abstürzt und deine Arbeit verloren geht.

Navigieren auf dem Desktop

Die Version des Raspberry Pi OS, die auf den meisten Raspberry-Pi-Boards installiert ist, ist als „Raspberry Pi OS with Desktop" bekannt, was sich auf die primäre grafische Benutzeroberfläche bezieht (**Abbildung 3-8**). Der größte Teil dieses Desktops wird durch ein Hintergrundbild ausgefüllt (**A** in **Abbildung 3-8**), auf dem die von dir ausgeführten Programme angezeigt werden.

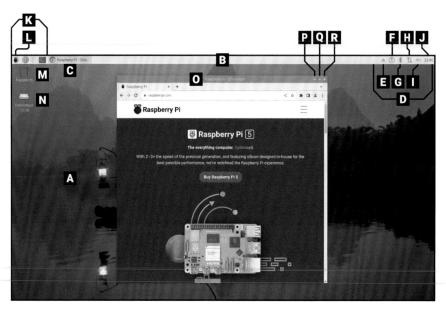

Abbildung 3-8 Der Raspberry Pi OS-Desktop

A Bildschirmhintergrund		**J** Uhr	
B Taskleiste		**K** Launcher	
C Task		**L** Menü (oder Raspberry Pi-Symbol)	
D Infobereich		**M** Papierkorb	
E Software-Update-Symbol		**N** Wechsellaufwerk	
F Auswurf-Symbol		**O** Fenster-Titelbalken	
G Bluetooth-Symbol		**P** Verkleinern	
H Netzwerk-Symbol		**Q** Vergrößern	
I Lautstärke		**R** Schließen	

Am oberen Rand des Desktops befindet sich eine Taskleiste (**B**), über die du deine installierten Programme starten kannst, die dann als Aufgaben (**C**) angezeigt. Die rechte Seite der Menüleiste enthält den *Infobereich* (**D**). Wenn du *Wechseldatenträger* wie z. B. USB-Speichersticks, an den Raspberry Pi angeschlossen hast, ist ein Auswurf-Symbol (**E**) sichtbar. Du kannst darauf klicken, um Datenträger sicher auszuwerfen und zu entfernen. Das Symbol für Software-Updates (**F**) wird nur angezeigt, wenn es Updates für das Raspberry Pi OS und seine Anwendungen gibt. Ganz rechts befindet sich die Uhr (**J**). Klicke darauf, um den digitalen Kalender aufzurufen (**Abbildung 3-9**).

Abbildung 3-9   Der digitale Kalender

Daneben befindet sich das Lautsprechersymbol (**I**). Klicke mit der linken Maustaste darauf, um die Audio-Lautstärke des Raspberry Pi einzustellen, oder mit der rechten, um auszuwählen, welche Audio-Ausgabe der Raspberry Pi verwenden soll. Daneben befindet sich das Netzwerksymbol (**H**). Wenn eine Verbindung zu einem drahtlosen Netzwerk besteht, wird die Signalstärke als eine Reihe von Balken angezeigt. Bei einem drahtgebundenen Netzwerk sind zwei Pfeile zu sehen. Wenn du auf das Netzwerksymbol klickst, wird eine Liste der nahegelegenen drahtlosen Netzwerke angezeigt (**Abbildung 3-10**). Wenn du auf das Bluetooth-Symbol (**G**) daneben klickst, kannst du eine Verbindung zu einem Bluetooth-Gerät in der Nähe herstellen.

Abbildung 3-10   Auflistung nahegelegener drahtloser Netzwerke

Auf der linken Seite der Menüleiste befindet sich der *Launcher* (**K**), in dem du die Programme findest, die zusammen mit dem Raspberry Pi OS installiert wurden. Einige davon sind als Verknüpfungssymbole sichtbar. Andere sind im Menü versteckt, das du durch Klicken auf das Raspberry Pi-Symbol (**L**) ganz links anzeigen kannst (Abbildung 3-11).

Abbildung 3-11   Das Raspberry Pi-Menü

Die Programme im Menü sind in Kategorien unterteilt. Der Name jeder Kategorie verrät dir, was dich erwartet. Die Kategorie „**Entwicklung**" enthält Software, die dir hilft, deine eigenen Programme zu schreiben – wie ab Kapitel 4, *Programmieren mit Scratch 3* erklärt. Unter „Games" findest du Programme, die dir Unterhaltung bieten.

Nicht alle Programme werden in diesem Handbuch detailliert beschrieben. Experimentiere einfach mit ihnen, um mehr zu erfahren. Auf dem Desktop findest du den Papierkorb (**M**) und alle externen Speichergeräte (**N**) , die mit deinem Raspberry Pi verbunden sind.

Der Chromium-Webbrowser

Um den Umgang mit deinem Raspberry Pi zu üben, beginnst du am besten mit dem Chromium-Webbrowser. Klicke auf das Raspberry Pi-Symbol oben links, um das Menü aufzurufen. Bewege jetzt den Mauszeiger, um die Internet-Kategorie auszuwählen, und klicke auf **Chromium-Webbrowser**, um ihn zu starten.

Wenn du den Chrome-Browser von Google schon auf einem anderen Computer verwendet hast, wirst du mit Chromium sofort zurechtkommen. Mit dem Webbrowser Chromium kannst du Websites besuchen, Videos und Spiele spielen und mit Menschen auf der ganzen Welt in Foren und auf Chat-Seiten kommunizieren.

Beginne mit der Verwendung von Chromium, indem du das Fenster auf sein Maximum vergrößerst, damit es mehr Platz auf dem Bildschirm einnimmt. In der Titelleiste des Chromium-Fensters befinden sich oben rechts drei Symbole (**O**). Klicke hier auf das mittlere, das nach oben gerichtete Pfeilsymbol (**Q**).

Dies ist der Button zum *Maximieren*. Links daneben befindet sich der Button *Verkleinern* (**P**). Er blendet ein Fenster so lange aus, bis du es in der Taskleiste am oberen Bildschirmrand anklickst. Das Kreuz rechts neben „Maximieren" steht für *Schließen* (**R**) und dient zum Schließen des Fensters.

SCHLIESSEN UND SPEICHERN

Es ist keine gute Idee, ein Fenster zu schließen, bevor du deine Arbeit gespeichert hast. Viele Programme geben eine entsprechende Warnung aus, wenn du auf den Button „Schließen" klickst – aber nicht alle!

Wenn du den Chromium-Webbrowser zum ersten Mal startest, sollte die Raspberry Pi-Website automatisch geladen werden, wie in **Abbildung 3-12** zu sehen ist. Klicke in die Adressleiste am oberen Rand des Chromium-Fensters – die große weiße Leiste mit einer Lupe auf der linken Seite – und gib **raspberrypi.com** ein. Dann drückst du **ENTER** auf der Tastatur. Die Website des Raspberry Pi wird geladen.

Du kannst auch Suchanfragen in die Adressleiste eingeben: Versuche, nach „Raspberry Pi", „Raspberry Pi OS" oder „Retro Gaming" zu suchen.

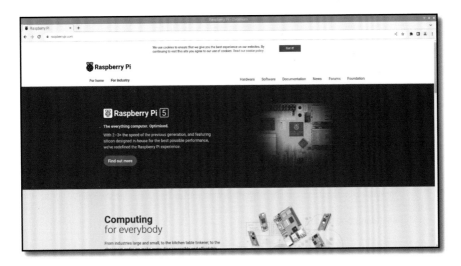

Abbildung 3-12   Laden der Raspberry Pi Webseite in Chromium

Wenn du Chromium zum ersten Mal lädst, werden möglicherweise mehrere *Tabs (auch „Registerkarten" genannt)* oben im Fenster angezeigt. Um zu einem anderen Tab zu wechseln, klickst du darauf. Um einen Tab zu schließen, ohne Chromium selbst zu schließen, klickst du auf das „X" am rechten Rand des Tabs.

Um einen neuen Tab zu öffnen – eine praktische Methode, um mehrere Websites zu öffnen, ohne mit mehreren Chromium-Fenstern jonglieren zu müssen –, klickst du entweder auf den Tab-Button mit dem Plus-Symbol rechts neben dem letzten Tab in der Liste, oder hältst die **STRG**-Taste auf der Tastatur gedrückt und drückst die Taste **T**, bevor du **STRG** wieder loslässt.

Wenn du mit Chromium fertig bist, klickst du auf den Button „X" zum Schließen oben rechts im Fenster.

Der Dateimanager

Dateien, die du speicherst – z. B. Programme, Videos, Bilder – werden alle in deinem *Homeverzeichnis* abgelegt. Klicke auf das Raspberry Pi-Symbol, um den Inhalt des Homeverzeichnisses anzuzeigen. Um das Menü aufzurufen, bewegst du den Mauszeiger, auf **Zubehör** und klickst dann auf **PCManFM Dateimanager**, um diesen zu laden (**Abbildung 3-13**).

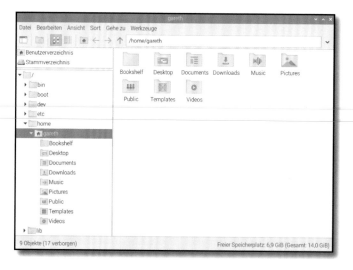

Abbildung 3-13   Der Dateimanager

Mit dem Dateimanager kannst du Dateien und Ordner, auch *Verzeichnisse* genannt, auf der microSD-Karte des Raspberry Pi, sowie auf allen Wechseldatenträgern wie USB-Flash-Laufwerken, die du an die USB-Ports des Raspberry Pi anschließt, verwalten. Beim ersten Öffnen gelangst du automatisch in das Homeverzeichnis. Hier findest du eine Reihe weiterer Ordner, bekannt als *Unterverzeichnisse bzw. Unterordner*, die – wie das Menü – in Kategorien aufgeteilt sind. Die wichtigsten Unterverzeichnisse sind:

- ▸ **Bookshelf** (Bücherregal) – Hier findest du digitale Kopien von Büchern und Zeitschriften von Raspberry Pi Press. Du kannst mit der Anwendung Bücherregal im Hilfebereich des Menüs Bücher lesen und herunterladen.

- ▸ **Desktop** – Diesen Ordner siehst du, wenn du das Raspberry Pi OS zum ersten Mal lädst. Wenn du eine Datei hier speicherst, erscheint sie auf der Arbeitsoberfläche, sodass sie leicht zu finden und zu öffnen ist.

- ▸ **Documents** – Dieser Ordner ist für die meisten der Textdateien, die du erstellst, vorgesehen – von Rezepten bis zu Kurzgeschichten.

- ▸ **Downloads** – Wenn du eine Datei mit dem Chromium-Webbrowser aus dem Internet herunterlädst, wird sie automatisch unter „Downloads" gespeichert.

- ▸ **Music** – Hier werden Musikdateien, die du kreierst oder herunterlädst, gespeichert.

- ▸ **Pictures** – Dieser Ordner dient zum Speichern von Bildern, in der Fachsprache *Image Files* genannt.

- ▸ **Public** (Öffentlich) – Während die meisten deiner Dateien privat sind, ist alles, was du in den Ordner „Public" legst, für andere Benutzer des Raspberry Pi zugänglich, selbst wenn diese ihren eigenen Benutzernamen und ihr eigenes Passwort haben.

- ▸ **Templates** (Vorlagen) – Dieser Ordner enthält alle „templates", die du erstellst oder die von deinen Anwendungen installiert werden. Das sind leere Dateien, die eine Grundstruktur (Layout, Format) für Dateien, die du erstellst, vorgeben.

- ▸ **Videos** – Ein Ordner für Videos. Der erste Ort, an dem die meisten Programme Videos zum Abspielen suchen.

Das Dateimanager-Fenster selbst ist in zwei Bereiche aufgeteilt. Der linke Bereich zeigt die Verzeichnisse auf deinem Raspberry Pi und der rechte die Dateien und Unterverzeichnisse des im linken Bereich ausgewählten Verzeichnisses.

Wenn du ein Wechseldatenträgergerät an den USB-Port des Raspberry Pi anschließt, öffnet sich ein Fenster, in dem du gefragt wirst, ob es im Dateimanager geöffnet werden soll (**Abbildung 3-14**). Klicke auf **OK** und du kannst die dort enthaltenen Dateien und Verzeichnisse sehen.

Um Dateien zwischen der microSD-Karte des Raspberry Pi und einem Wechseldatenträger hin- und herzubewegen, kannst du sie ganz einfach mit der Maus *ziehen und ablegen* („drag and drop"). Wenn du dein Homeverzeichnis

Abbildung 3-14   Einstecken eines Wechseldatenträgers

und das Wechseldatenträgergerät in zwei separaten Dateimanager-Fenstern geöffnet hast, fährst du mit dem Mauszeiger auf die Datei, die du kopieren willst, klickst darauf und hältst die linke Maustaste gedrückt, während du die Datei in das andere Fenster ziehst. Dort lässt du die Maustaste los („Drag and Drop") (**Abbildung 3-15**).

Eine weitere Methode, eine Datei zu kopieren: Klicke einmal auf die gewünschte Datei, klicke auf das **Bearbeiten**-Menü, klicke auf **Kopieren**, klicke in das andere Fenster, klicke dann auf das **Bearbeiten**-Menü und auf **Einfügen**.

Die Option „Ausschneiden" (Cut), die ebenfalls im Menü „Bearbeiten" (Edit) verfügbar ist, funktioniert ähnlich, außer dass sie die Datei nach dem Erstellen der Kopie am ursprünglichen Speicherort löscht. Beide Optionen sind auch über Tastaturkürzel zugänglich: **STRG+C** (Kopieren/Copy) oder **STRG+X** (Ausschneiden/Cut) und **STRG+V** (Einfügen/Paste).

TASTATURKÜRZEL

Wenn du ein Tastaturkürzel wie **STRG+C** siehst, bedeutet das: die erste Taste (**STRG**) gedrückt halten, kurz die zweite Taste drücken (**C**) drücken, dann beide Tasten loslassen.

Wenn du fertig experimentiert hast, schließt du den Dateimanager über den Button „X" oben rechts im Fenster. Wenn du mehrere Fenster geöffnet hast, schließt du sie alle. Wenn du an deinem Raspberry Pi einen Wechseldatenträger angeschlossen hast, wirfst du ihn aus, indem du auf das Auswurf-Symbol

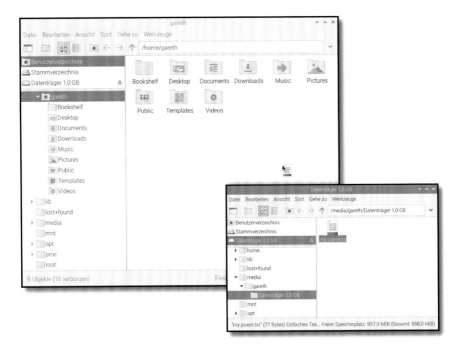

Abbildung 3-15   Ziehen und Ablegen einer Datei

oben rechts auf dem Bildschirm klickst und das Speichergerät („Stick") in der Liste durch Anklicken markierst. Dann kannst du es vom Raspberry Pi abziehen.

GERÄTE AUSWERFEN

Benutze immer den Auswurf-Button, bevor du ein externes Speichergerät abziehst. Wenn du das nicht tust, können Dateien zerstört und unbrauchbar werden.

Das „Recommended Software"-Tool

Im Raspberry Pi OS ist bereits eine große Auswahl an Software installiert, aber dein Raspberry Pi ist mit weiteren Programmen kompatibel. Eine Auswahl davon findest du im „Recommended Software"-Tool.

Wichtig: Das „Recommended Software"-Tool erfordert eine Verbindung zum Internet. Wenn dein Raspberry Pi mit dem Internet verbunden ist, klickst du auf das Raspberry Pi-Menüsymbol, bewegst den Mauszeiger auf **Einstellun-**

gen und klickst auf **Recommended Software**. Das Tool wird geladen und beginnt mit dem Herunterladen von Informationen über verfügbare Software.

Nach wenigen Sekunden erscheint eine Liste mit kompatiblen Softwarepaketen (**Abbildung 3-16**). Diese sind, wie die Software im Raspberry Pi-Menü, in verschiedene Kategorien eingeteilt. Klicke auf eine Kategorie in der linken Leiste, um Software aus dieser Kategorie anzuzeigen, oder auf **All Programs**, um alles zu sehen.

Abbildung 3-16   Das Recommended Software-Tool

Wenn eine Software mit einem Häkchen versehen ist, ist sie bereits auf dem Raspberry Pi installiert. Wenn nicht, kannst du auf die Checkbox klicken, um sie abzuhaken. Damit wird das Programm für die Installation markiert. Du kannst beliebig viele Programme markieren und sie dann alle auf einmal installieren. Wenn du jedoch eine kleinere als die empfohlene microSD-Karte verwendest, reicht der Platz möglicherweise nicht für alle aus.

VORINSTALLIERTE ANWENDUNGEN

Auf manchen Versionen des Raspberry Pi OS ist mehr Software installiert als auf anderen. Wenn das Recommended Software-Tool sagt, dass „Code the Classics" bereits installiert ist (Checkbox abgehakt), kannst du stattdessen etwas anderes aus der Liste auswählen und installieren.

Für das Raspberry Pi OS gibt es Software für eine Vielzahl von Aufgaben, darunter auch eine Auswahl von Spielen, die für das Buch *Code the Classics, Volume 1* geschrieben wurden – ein Spaziergang durch die Geschichte der Spiele, der dir zeigt, wie du deine eigenen Spiele in Python schreiben kannst. Das Buch ist erhältlich unter **store.rpipress.cc**.

Um die Spiele von *Code the Classics* zu installieren, klickst du auf die Checkbox neben **Code the Classics**, um sie abzuhaken. Eventuell musst du in der Liste der Anwendungen nach unten scrollen, um es zu sehen. Rechts neben der ausgewählten Anwendung wird der Vermerk *(will be installed)* angezeigt, wie in **Abbildung 3-17** zu sehen ist.

Abbildung 3-17   Auswahl von „Code the Classics" für die Installation

Klicke auf **Apply**, um die Software zu installieren. Du wirst dann aufgefordert, dein Passwort einzugeben. Die Installation kann je nach Geschwindigkeit deiner Internetverbindung bis zu einer Minute dauern (**Abbildung 3-18**). Sobald der Vorgang abgeschlossen ist, wird die Meldung angezeigt, dass die Installation beendet ist. Klicke auf **OK**, um das Dialogfeld zu schließen, und dann auf den Button **Close**, um das Recommended Software-Tool zu schließen.

Abbildung 3-18   Installation von „Code the Classics"

Wenn du ein Programm nicht mehr benötigst, kannst du es deinstallieren und so Speicherplatz freigeben. Lade einfach erneut das Recommended Software-Tool, suche die Software in der Liste und klicke auf die Checkbox, um das Häkchen zu entfernen. Wenn du auf **Apply** klickst, wird das Programm entfernt, aber alle Dateien, die du mit ihr erstellt und in deinem Dokumentenordner gespeichert hast, bleiben erhalten.

Ein zusätzliches Tool zum Installieren oder Deinstallieren von Software, das Software-Werkzeug „Add/Remove Software", findest du in der Kategorie „Preferences" des Raspberry Pi OS-Menüs. Es bietet dir eine noch größere

Auswahl an Software. Wie du das Tool „Add/Remove Software" („Software hinzufügen/entfernen") verwendest, erfährst du hier: Anhang B, *Installieren und Deinstallieren von Software*.

Die LibreOffice-Produktivitäts-Suite

Um einen weiteren Vorgeschmack auf die Möglichkeiten deines Raspberry Pi zu erhalten, klickst du auf das Raspberry-Menüsymbol, bewegst den Mauszeiger auf **Büro** und klickst auf **LibreOffice Writer**. Damit wird das Textverarbeitungsprogramm von LibreOffice (**Abbildung 3-19**), einer beliebten Open-Source-Produktivitätssuite, geladen.

Abbildung 3-19   Das Programm LibreOffice Writer

KEIN LIBREOFFICE?

Wenn die Kategorie **Büro** im Raspberry Pi-Menü nicht vorhanden ist oder du LibreOffice Writer nicht finden kannst, ist das Programm vermutlich nicht installiert. Gehe zurück zum Recommended Software-Tool und installiere es dort, bevor du mit diesem Abschnitt fortfährst.

Mit einem Textverarbeitungsprogramm kannst du Dokumente nicht nur schreiben, sondern sie auch auf vielseitige Weise gestalten und formatieren: die Schriftart, die Farbe und Größe der Schrift ändern, Effekte hinzufügen und sogar Bilder, Diagramme, Tabellen und andere Inhalte einfügen. Mit einem Textverarbeitungsprogramm kannst du deine Arbeit auch auf Fehler überprüfen. Rechtschreib- und Grammatikfehler werden direkt während der Eingabe rot bzw. grün hervorgehoben.

Gib ein paar Sätze ein und experimentiere mit den Optionen. Schreibe zum Beispiel ein paar Sätze darüber, was du über den Raspberry Pi und seine Programme inzwischen gelernt hast. Probiere dann die verschiedenen Symbole am oberen Rand des Fensters aus. Kannst du die Schrift vergrößern und die Textfarbe ändern? Wenn du nicht sicher bist, wie du das anstellst, fahre mit dem Mauszeiger über die Symbole. Es erscheint dann ein „Tooltip" mit einem kurzen Hinweis. Wenn du zufrieden bist, klicke auf das Menü **Datei** und die Option **Speichern**, um deine Arbeit zu speichern (**Abbildung 3-20**). Gib einen Namen für deine Datei ein und klicke auf den Button **Speichern**.

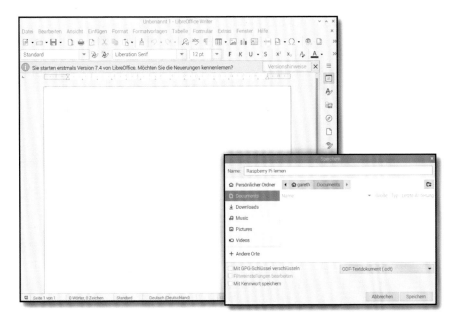

Abbildung 3-20   Speichern eines Dokuments

ARBEIT SPEICHERN

Mache es dir zur Gewohnheit, deine Arbeit regelmäßig zu speichern, auch zwischendurch, wenn du noch nicht fertig bist. Dies spart dir viel Ärger, etwa bei einem Stromausfall!

LibreOffice Writer ist nur ein Teil der gesamten LibreOffice-Produktivitätssuite. Die anderen Teile, die du in der gleichen Büro-Menükategorie wie LibreOffice Writer findest, sind:

▸ **LibreOffice Base**: Eine Datenbank – ein Tool zum Speichern und zum schnellen Nachschlagen und Analysieren von Informationen.

- **LibreOffice Calc**: Eine Tabellenkalkulation – ein Tool zum Arbeiten mit Zahlen und zum Erstellen von Diagrammen und Grafiken.

- **LibreOffice Draw**: Ein Zeichenprogramm – ein Tool zum Erstellen von Bildern und Diagrammen.

- **LibreOffice Impress**: Ein Programm für Präsentationen – ein Tool zum Erstellen von Folien und zum Abspielen von Diashows.

- **LibreOffice Math**: Ein Formeleditor – ein Tool zum Erstellen von korrekt formatierten mathematischen Formeln, die in anderen Dokumenten verwendet werden können.

LibreOffice ist auch für andere Computer und Betriebssysteme verfügbar. Wenn dir die Produktivitätssuite gefällt, kannst du sie kostenfrei von **libreoffice.org** herunterladen und dann auch auf einem beliebigen Microsoft Windows-, Apple macOS- oder Linux-Computer installieren. Zum Schließen von LibreOffice Writer klickst du auf den Button „X" oben rechts im Fenster.

EINGEBAUTE HILFE

Die meisten Programme enthalten ein Hilfemenü, das dich unterstützt: Es gibt dir Informationen über das Programm und kontextbezogene Anleitungen zur Benutzung. Wenn du dich jemals von einem Programm überfordert fühlst, oder dich irgendwo nicht zurechtfindest, schau ganz einfach im Hilfemenü nach.

Raspberry Pi-Konfigurationstool

Das letzte Programm, das du in diesem Kapitel kennenlernst, ist als das Raspberry Pi-Konfigurations-Tool bekannt. Es ähnelt dem Begrüßungsassistenten, den du zu Beginn verwendet hast, und hilft dir, verschiedene Einstellungen im Raspberry Pi OS zu ändern. Klicke auf das Raspberry Pi-Symbol, bewege den Mauszeiger, um die Kategorie **Einstellungen** auszuwählen, und klicke dann auf **Raspberry Pi-Konfiguration**, um es zu laden (**Abbildung 3-21**).

Das Tool ist in fünf Tabs unterteilt. Die erste davon ist **System**. Damit kannst du das Passwort deines Kontos ändern, einen Hostnamen festlegen – den Namen, den der Raspberry Pi in deinem lokalen drahtlosen oder drahtgebundenen Netzwerk verwendet – und eine Reihe anderer Einstellungen ändern. Die Mehrheit davon kannst du unverändert lassen. Klicke auf den Tab **Anzeige**, um in die nächste Kategorie zu wechseln. Hier kannst du die Einstellungen für die Bildschirmanzeige ändern, um sie an deinen Fernseher oder Monitor anzupassen.

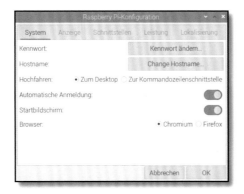

Abbildung 3-21 Das Raspberry Pi-Konfigurationstool

Der Tab **Schnittstellen** bietet eine Reihe von Einstellungen, die zunächst alle deaktiviert sind (mit Ausnahme von **Serielle Konsole** und **Serieller Anschluss**). Diese Einstellungen solltest du nur ändern, wenn du neue Hardware, wie z. B. das Raspberry Pi Kameramodul hinzufügst, und auch dann nur, wenn der Hersteller der Hardware dich dazu auffordert. Die Ausnahmen von dieser Regel sind: **SSH**, das eine „Secure Shell" ermöglicht. Damit kannst du dich von einem anderen Computer in deinem Netzwerk über einen SSH-Client auf deinem Raspberry Pi anmelden; **VNC**, das einen „Virtual Network Computer" aktiviert, mit dem du den Desktop des Raspberry Pi OS von einem anderen Computer in deinem Netzwerk aus über einen VNC-Client sehen und steuern kannst; **GPIO-Fernzugriff**, mit dem du die GPIO-Pins eines Raspberry Pi von einem anderen Computer in deinem Netzwerk aus verwenden kannst (mehr dazu erfährst du inKapitel 6, *Physical Computing mit Scratch und Python*).

Klicke auf den Tab **Leistung**, um die vierte Kategorie anzuzeigen. Hier konfigurierst du das **Überlagerungsdateisystem**, mit dem du deinen Raspberry Pi betreiben kannst, ohne Änderungen auf die microSD-Karte zu schreiben. In den meisten Fällen wirst du das nicht brauchen. Die meisten Benutzer können diesen Abschnitt einfach so lassen, wie er ist.

Klicke dann auf den Tab **Lokalisierung**, um die letzte Kategorie zu sehen. Hier kannst du die Einstellungen deiner Sprachumgebung ändern. Dazu gehört die Sprache, die das Raspberry Pi OS verwendet, sowie die Anzeige von Zahlen, die Zeitzone, das Tastaturlayout und das Land für WLAN-Zwecke. Für den Moment reicht es aus, auf **Abbrechen** zu klicken, um das Tool ohne Änderungen zu schließen.

WARNHINWEIS!

In verschiedenen Ländern gelten unterschiedliche Regeln, welche Frequenzen ein WLAN verwenden kann. Wenn du das WLAN-Land im Raspberry Pi-Konfigurationstool auf ein anderes Land einstellst als das, in dem du lebst, kann es schwierig sein, eine Verbindung herzustellen. Aufgrund der gesetzlichen Vorschriften für Funkfrequenzzuteilungen kann es sogar illegal sein – also tu es nicht!

Software-Updates

Das Raspberry Pi OS erhält regelmäßig Updates, die neue Funktionen hinzufügen oder Fehler beheben. Wenn der Raspberry Pi über ein Ethernet-Kabel oder Wi-Fi mit einem Netzwerk verbunden ist, sucht er automatisch nach Updates und zeigt dir mit einem kleinen Symbol im Infobereich an, ob Updates installiert werden können – dieses Symbol aus wie ein Pfeil, der nach unten auf die Leiste zeigt und von einem Kreis umgeben ist.

Wenn du dieses Symbol oben rechts auf deinem Desktop siehst, stehen Updates zur Installation bereit. Klicke auf das Symbol und dann auf **Install Updates**, um sie herunterzuladen und zu installieren. Wenn du lieber erst prüfen möchtest, welche Updates angeboten werden, klicke auf **Show Updates**, um eine Liste zu sehen (**Abbildung 3-22**).

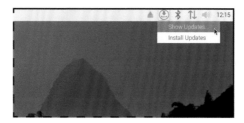

Abbildung 3-22   Verwendung des SoftwareUpdate-Tools

Wie lange es dauert, Updates zu installieren, hängt davon ab, wie viele es sind und wie schnell deine Internetverbindung ist, aber es sollte nur ein paar Minuten dauern. Nachdem die Updates installiert wurden, verschwindet das Symbol aus der Taskleiste, bis weitere Updates installiert werden können.

Manche Updates dienen dazu, die Sicherheit des Raspberry Pi OS zu verbessern. Es ist wichtig, das Software-Update-Tool zu benutzen, um dein Betriebssystem auf dem neuesten Stand zu halten!

Herunterfahren

Jetzt, da du die Arbeitsoberfläche des Raspberry Pi OS erkundet hast, ist es an der Zeit, zu erfahren, wie du den Raspberry Pi sicher herunterfährst. Wie jeder Computer hält der Raspberry Pi die Dateien, an denen du gerade arbeitest, im *flüchtigen Speicher („volatile memory")* vor. Dieser flüchtige Speicher wird beim Ausschalten des Systems geleert. Bei Dokumenten, die du erstellst, reicht es aus, jedes Dokument einzeln abzuspeichern. Dadurch wird die Datei aus dem flüchtigen Speicher in den *nichtflüchtigen Speicher* auf der microSD-Karte gespeichert. Sie wird dann nicht gelöscht, wenn du den Computer ausschaltest.

Die Dokumente, an denen du arbeitest, sind jedoch nicht die einzigen geöffneten Dateien. Das Raspberry Pi OS selbst hält eine Reihe von Dateien offen, während es läuft. Wenn du das Stromkabel aus dem Raspberry Pi ziehst, während diese Dateien noch offen sind, kann dies dazu führen, dass das Betriebssystem beschädigt wird und neu installiert werden muss.

Damit das nicht passiert, musst du das Raspberry Pi OS anweisen, alle seine Dateien zu speichern und sich auf das Ausschalten vorzubereiten. Dies nennt man *Herunterfahren* des Betriebssystems.

Klicke auf das Raspberry Pi-Symbol oben links auf dem Desktop und dann auf **Herunterfahren**. Es erscheint ein Fenster mit drei Optionen (**Abbildung 3-23**): **Herunterfahren**, **Neu starten** und **Abmelden**. **Herunterfahren** ist die Option, die du am meisten verwenden wirst. Wenn du darauf klickst, wird das Raspberry Pi OS angewiesen, alle geöffneten Programme und Dateien zu schließen und den Raspberry Pi dann herunterzufahren. Sobald die Anzeige schwarz geworden ist, wartest du ein paar Sekunden, bis das blinkende grüne LED-Licht auf dem Raspberry Pi erlischt; dann kannst du die Stromversorgung gefahrlos abziehen.

Wenn du den Power-Button (Hauptschalter) einmal drückst, erscheint dasselbe Fenster, als ob du auf das Raspberry Pi-Symbol gefolgt von **Herunterfahren** geklickt hättest. Drücke den Power-Button erneut, wenn das Fenster sichtbar ist und der Raspberry Pi wird sicher heruntergefahren.

Wenn du den Power-Button länger gedrückt hältst, erfolgt ein *hartes (hardwaregesteuertes) Herunterfahren*. Dies schaltet das Gerät aus, als hättest du den Strom abgeschaltet. Tu dies nur, wenn dein Raspberry Pi nicht auf deine Anweisungen reagiert und du ihn nicht auf andere Weise herunterfahren kannst, denn ein solches hartes Herunterfahren kann deine Dateien oder dein Betriebssystem beschädigen.

Um den Raspberry Pi nach dem Herunterfahren wieder einzuschalten, ziehst du das Stromkabel heraus und schließt es wieder an, oder du schaltest den Strom aus und wieder ein.

Abbildung 3-23
Herunterfahren des Raspberry Pi

Der Neustart durchläuft einen ähnlichen Prozess wie das **Herunterfahren** und schließt alles. Aber anstatt den Raspberry Pi auszuschalten, startet es ihn neu – fast genauso, als hättest du **Herunterfahren** gewählt und dann das Stromkabel abgezogen und wieder angeschlossen. Du musst **Neu starten** verwenden, wenn du gewisse Änderungen vornimmst, die einen Neustart des Betriebssystems erfordern. Dazu gehört z. B. das Installieren bestimmter Aktualisierungen der Kern-Software, oder wenn nach einem Programmabsturz (*Crash*) das Raspberry Pi OS nicht mehr nutzbar ist.

Abmelden ist nützlich, wenn du mehr als ein Benutzerkonto auf deinem Raspberry Pi hast: Es schließt alle Programme, die du derzeit geöffnet hast, und führt dich zu einem Anmeldebildschirm. Hier wirst du zur Eingabe von Benutzernamen und Passwort aufgefordert. Wenn du versehentlich auf „Abmelden" klickst und dich wieder anmelden möchtest, gib einfach den Benutzernamen und das Passwort ein, das du im Begrüßungsassistenten am Anfang dieses Kapitels gewählt hast.

WARNHINWEIS!

Ziehe niemals das Stromkabel vom Raspberry Pi oder von der Steckdose ab, ohne den Raspberry Pi vorher herunterzufahren. Denn dies kann das Betriebssystem (OS) beschädigen – und auch Dateien, die du erstellt oder heruntergeladen hast.

Kapitel 4

Programmieren mit Scratch 3

Ein einfacher Einstieg ins Programmieren mit Scratch, der blockbasierten Programmiersprache

Beim Raspberry Pi geht es nicht nur darum, Software zu verwenden, die andere Leute geschrieben haben. Vielmehr kannst du damit deine eigenen *Programme* (auch *Code* genannt) kreieren und ausprobieren und dabei deiner Phantasie freien Lauf lassen. Ob du gerade erst mit dem Programmieren anfängst oder schon Erfahrung hast – der Raspberry Pi macht das Experimentieren einfach und unterhaltsam.

Am besten geht das mit Scratch, einer visuellen Programmiersprache, entwickelt vom Massachusetts Institute of Technology (MIT). Während man in traditionellen, textbasierten Programmiersprachen eine Art Rezept wie beim Kuchenbacken schreiben muss, also eine Anleitung, die der Computer dann abarbeitet, verwendet man in Scratch Blöcke. Mithilfe dieser Blöcke baust du dann Schritt für Schritt das Programm. Die farbigen Blöcke sind fertige Programmteile, die wie die Teile eines Puzzles zusammengesteckt werden können.

Scratch ist eine fantastische erste Programmiersprache für angehende Programmierer, ob jung oder alt. Man lernt auf spielerische, intuitive Weise. Trotzdem ist Scratch eine leistungsstarke und voll funktionsfähige Programmierumgebung. Du kannst damit alles Mögliche entwickeln, von einfachen Spielen und Animationen bis hin zu komplexen, interaktiven Robotikprojekten.

Die Scratch 3-Benutzeroberfläche

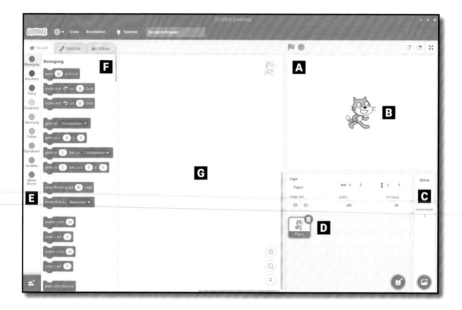

A	Bühnenbereich	E	Blockpalette
B	Figur (Sprite)	F	Blöcke
C	Bühnensteuerung	G	Skriptbereich
D	Sprites-Liste		

Wie Schauspieler in einem Theaterstück bewegen sich deine Figuren auf der Bühne (**A**) und du steuerst sie mit deinem Scratch-Programm. Diese Figuren heißen auch Sprites (**B**). Um die Bühne zu ändern, z.B. um einen eigenen Hintergrund hinzuzufügen, verwendest du die Bühnensteuerung (**C**). Alle Figuren, die du erstellt oder geladen hast, befinden sich in der Sprites-Liste (**D**).

Alle für dein Programm verfügbaren Blöcke erscheinen in der Blockpalette (**E**), die farbige Kategorien enthält. Blöcke (**F**) sind fertige Programmteile. Du baust dein Programm im Skriptbereich (**G**), indem du Blöcke aus der Blockpalette ziehst und hier ablegst, um Skripte zu erstellen.

SCRATCH-VERSIONEN

Für den Raspberry Pi OS gibt es zwei Versionen von Scratch: Scratch und Scratch 3. Dieses Handbuch wurde speziell für Scratch 3 geschrieben, das nur mit Raspberry Pi 4, Raspberry Pi 5 und Raspberry Pi 400 kompatibel ist.

SCRATCH INSTALLIEREN

Wenn du Scratch 3 nicht im **Entwicklung**-Menü finden kannst, ist es vermutlich nicht in deiner Version von Raspberry Pi OS installiert. Gehe zu „Das „Recommended Software"-Tool" auf Seite 43. Dort findest du die Anleitung zum Installieren von Scratch 3 aus der Kategorie „**Entwicklung**". Komm anschießend wieder hierher zurück.

Dein erstes Scratch-Programm: Hallo Welt!

Scratch 3 wird wie jedes andere Programm auf dem Raspberry Pi gestartet: Klicke auf die Himbeere, um das Raspberry Pi OS-Menü zu öffnen. Bewege den Cursor in den Bereich „Entwicklung" und klicke auf Scratch 3. Nach wenigen Sekunden wird die Benutzeroberfläche von Scratch 3 angezeigt. Möglicherweise siehst du eine Nachricht über die Datenerfassung: Du kannst auf **Meine Nutzungsdaten mit dem Scratch-Team teilen** klicken, wenn du damit einverstanden bist, Nutzungsdaten an das Scratch-Team zu übermitteln. Wenn nicht, klickst du auf **Meine Nutzungsdaten nicht mit dem Scratch-Team teilen**. Im Anschluss wird Scratch fertig geladen.

Bei den meisten Programmiersprachen sagt man dem Computer, was er tun soll, mithilfe von geschriebenen Anweisungen, also Text. Bei Scratch ist das anders. Beginne mit einem Klick auf die Kategorie **Aussehen** in der Blockpalette links im Scratch-Fenster. Damit werden die violetten Blöcke aus dieser Kategorie angezeigt. Suche den Block **sage Hallo!**, klicke darauf, halte die linke Maustaste gedrückt und ziehe ihn in den Skriptbereich in der Mitte des Scratch-Fensters. Lass dann die Maustaste wieder los (**Abbildung 4-1**).

Schau dir die Form des Blocks genauer an: Er hat oben eine Einbuchtung („Nische") und unten eine entsprechende Ausbuchtung („Nase") – wie ein Puzzleteil. Genau wie bei einem Puzzle heißt das, dass oben und unten ein weiteres Teil angesetzt werden kann. Bei diesem Programm nennen wir das obere Teil einen *Auslöser (auch: „Trigger")*.

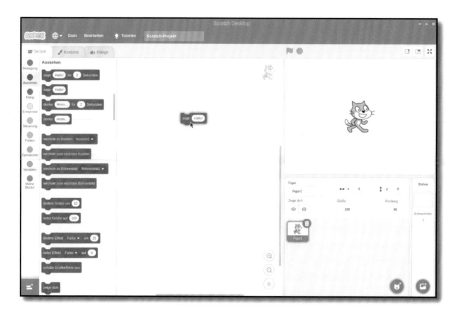

Abbildung 4-1 Ziehe den Block in den Skriptbereich und lege ihn dort ab.

Klicke in der Blockpalette auf die goldfarbene Kategorie **Ereignisse** und ziehe den Block `Wenn 🏳 angeklickt wird` (auch *Kopf*-Block genannt) in den Skriptbereich. Platziere ihn so, dass die untere Ausbuchtung dieses Blocks in die Einbuchtung oben im `sage Hallo!`-Block hineinpasst. Sobald ein weißer Umriss angezeigt wird, lässt du die Maustaste los. Du brauchst dabei nicht besonders präzise zu sein. Wenn der Block nahe genug beim ersten ist, rastet er ein. Wenn das nicht passiert, klickst du erneut auf den Block, hältst die Maustaste gedrückt und verschiebst den Block, bis er einrastet.

Damit ist dein Programm fertig. Um es *auszuführen*, klickst du auf das grüne Flaggensymbol oben links auf der Bühne. Wenn alles gut gelaufen ist, begrüßt dich die Katze auf der Bühne mit einem fröhlichen „Hello!" (**Abbildung 4-2**) – dein erstes Programm ist ein voller Erfolg!

Bevor du weitermachst, gibst du dem Programm einen Namen und speicherst es. Klicke auf das **Datei**-Menü und dann auf **Auf deinem Computer speichern**. Gib einen Namen ein und klicke auf den Button **Speichern** (**Abbildung 4-3**).

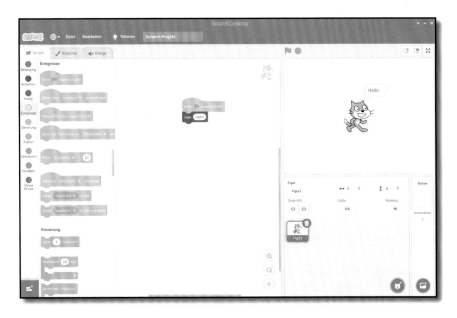

Abbildung 4-2 Klicke auf die grüne Flagge über der Bühne und die Katze sagt „Hallo"

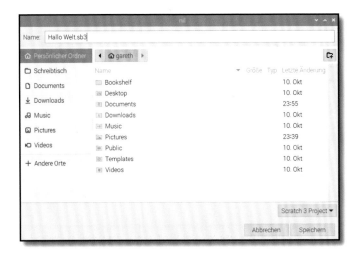

Abbildung 4-3 Speichere dein Programm mit einem einprägsamen Namen

WAS KANN SIE SAGEN?

Manche der Blöcke in Scratch können geändert werden. Klicke auf das Wort ‚**Hallo!**‘, gib ein Wort oder einen Satz ein und klicke wieder auf die grüne Flagge. Was passiert?

Nächste Schritte: Sequenzen

Dein Programm besteht aus zwei Blöcken, aber nur einer einzigen Anweisung, nämlich jedes Mal, wenn es ausgeführt wird, ‚**Hallo!**‘ zu sagen. Wenn dir das nicht ausreicht, brauchst du eine *Sequenz*. Computerprogramme sind im Grunde nichts weiter als eine Liste von Anweisungen, genau wie ein Kochrezept. Die Anweisungen werden in einer logischen *Sequenz* ausgeführt.

Klicke zuerst auf den `sage Hallo!` -Block und ziehe ihn aus dem Skriptbereich zurück in die Blockpalette (**Abbildung 4-4**). Dadurch wird der Block gelöscht und aus deinem Programm entfernt. Zurück bleibt nur noch der **Ereignisse**-Block, `Wenn 🏴 angeklickt wird` .

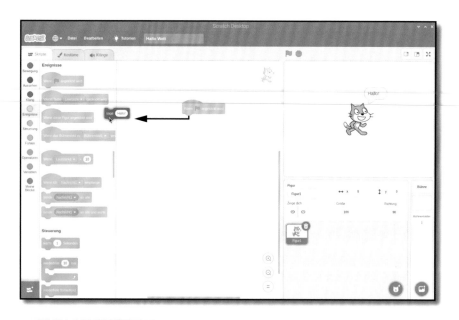

Abbildung 4-4   Um einen Block zu löschen, ziehst du ihn einfach aus dem Skriptbereich heraus

Klicke auf die Kategorie **Bewegung** in der Blockpalette, klicke dann auf den `gehe 10 er Schritt` -Block und verschiebe ihn, bis er unter dem Auslöser-Block im Skriptbereich einrastet. Wie der Name verrät, befiehlst du damit deiner Figur – der Katze –, eine Anzahl von Schritten vorwärts zu gehen.

Füge jetzt deinem Programm weitere Anweisungen hinzu, um eine Sequenz zu erstellen: Klicke auf die Kategorie **Klang** und ziehe den `spiele Klang Miau ganz` -Block so, dass er unter dem `gehe 10 er Schritt` -Block einrastet. Nun setzt du die Sequenz fort: Klicke erneut auf die Kategorie **Bewegung** und ziehe einen weiteren `gehe 10 er Schritt` -Block unter deinen **Klang**-Block, aber ändere diesmal **10** in **-10**, um einen `gehe -10 er Schritt` -Block zu erstellen.

Klicke auf die grüne Flagge über der Bühne, um das Programm auszuführen. Du siehst, wie die Katze sich zunächst nach rechts bewegt und miaut. Hören kannst du das nur, wenn ein Lautsprecher oder Kopfhörer angeschlossen ist. Die Katze geht dann wieder an den Anfang zurück. Jedes Mal, wenn du auf die grüne Flagge klickst, wiederholt die Katze diese Aktionen.

Herzlichen Glückwunsch! Du hast eine Sequenz von Anweisungen erstellt, die Scratch von oben nach unten nacheinander durchläuft. Obwohl Scratch nur jeweils eine Anweisung aus der Sequenz ausführt, geschieht dies sehr schnell: Versuche, den `spiele Klang Miau ganz` -Block zu löschen, indem du den unteren `gehe -10 er Schritt` -Block anklickst und ziehst, um ihn zu lösen. Ziehe jetzt den `spiele Klang Miau ganz` -Block ganz in die Blockpalette und ersetze ihn durch den einfacheren `spiele Klang Miau` -Block. Ziehe anschließend den `gehe -10 er Schritt` -Block wieder an das untere Ende deines Programms.

Klicke auf die grüne Flagge, um dein Programm erneut auszuführen. Dieses Mal scheint sich die Katze aber nicht von der Stelle zu rühren. In Wirklichkeit bewegt sie sich jedoch, läuft aber so schnell wieder zurück, dass sie stillzustehen scheint. Der Grund dafür ist, dass bei Verwendung des `spiele Klang Miau` -Blocks nicht darauf gewartet wird, dass der Klang bis zum Ende abgespielt wird, bevor der nächste Schritt ausgeführt wird. Weil der Raspberry Pi so schnell „denkt", läuft die nächste Anweisung ab, bevor du überhaupt sehen kannst, wie sich das Katzen-Sprite bewegt hat.

Außer der Verwendung des `spiele Klang Miau ganz` -Blocks gibt es noch eine andere Möglichkeit, dies zu beheben: Klicke auf die hellorangefarbene Kategorie **Steuerung** der Blockpalette und dann auf einen `warte 1 Sekunden` -Block und ziehe ihn zwischen den `spiele Klang Miau` - und den unteren `gehe -10 er Schritt` -Block.

Klicke auf die grüne Flagge, um dein Programm ein letztes Mal auszuführen. Jetzt kannstdu sehen, dass das Katzen-Sprite eine Sekunde wartet, nachdem es sich nach rechts bewegt hat, bevor es sich wieder zurückbewegt. Dies ist bekannt als *Verzögerung*. Mit einer Verzögerung kannst du steuern, wie lange die Sequenz für die Ausführung braucht.

HERAUSFORDERUNG: WEITERE SCHRITTE HINZUFÜGEN

Versuche, der Sequenz weitere Schritte hinzuzufügen und die Werte in den vorhandenen Schritten zu ändern. Was passiert, wenn die Anzahl der Schritte in einem `gehe er Schritt` -Block nicht mit der Anzahl der Schritte in einem anderen übereinstimmt? Was passiert, wenn du versuchst, einen Sound zu spielen, während ein anderer noch nicht zu Ende ist?

Schleife erzeugen

Die Sequenz, die du bisher erstellt hast, läuft nur einmal. Du klickst auf die grüne Flagge, die Katze bewegt sich und miaut, und dann stoppt das Programm, bis du erneut auf die grüne Flagge klickst. Das muss jedoch nicht so sein, denn Scratch enthält eine Art von **Steuerung**-Block, der *Schleife* genannt wird.

Klicke auf die Kategorie **Steuerung** in der Blockpalette und suche den `wiederhole fortlaufend`-Block. Klicke darauf und ziehe ihn in den Skriptbereich, platziere ihn dann unter dem `Wenn 🏳 angeklickt wird`-Block und über dem `gehe 10 er Schritt`-Block.

Du siehst, wie der C-förmige **wiederhole fortlaufend**-Block sich vergrößert und die anderen Blöcke in der Sequenz umgibt. Klicke jetzt auf die grüne Flagge und sieh, was der `wiederhole fortlaufend`-Block bewirkt: Anstatt dass das Programm einmal läuft und dann endet, läuft es immer und immer wieder, wiederholt sich also fortlaufend, ohne Ende. Programmierer nennen dies eine *Endlosschleife* („wiederhole fortlaufend").

Wenn das ständige Miauen zu nerven beginnt, klickst du auf das rote Achteck neben der grünen Flagge über der Bühne, um das Programm zu stoppen. Um den Schleifen-Typ zu ändern, ziehst du den ersten `gehe 10 er Schritt` -Block und die Blöcke darunter aus dem `wiederhole fortlaufend`-Block heraus und legst sie unter den `Wenn 🏳 angeklickt wird`-Block. Klicke auf den `wiederhole fortlaufend`-Block und ziehe ihn in die Blockpalette, um ihn zu löschen. Klicke und ziehe dann den `wiederhole 10 mal`-Block unter den `Wenn 🏳 angeklickt wird`-Block, sodass er die anderen Blöcke umgibt.

Klicke auf die grüne Flagge, um dein neues Programm auszuführen. Auf den ersten Blick scheint es dasselbe wie deine ursprüngliche Version zu tun: deine Sequenz immer und immer wieder zu wiederholen. Diesmal wird die Schleife jedoch nicht ohne Ende abgespielt, sondern endet nach zehn Wiederholungen. Dies ist bekannt als *endliche Schleife*: Du bestimmst, wie oft sie ausgeführt wird („wiederhole x Mal"). Schleifen sind sehr wichtige Hilfsmittel und die meisten Programme machen ausgiebig Gebrauch von unendlichen und endlichen Schleifen.

> **?** **WAS PASSIERT, WENN ...?**
>
> Was passiert, wenn du die Zahl im Schleifen-Block erhöhst? Was passiert, wenn du sie reduzierst? Was passiert, wenn du die Zahl 0 in den Schleifen-Block eingibst?

Variablen und Bedingungen

Bevor wir anfangen, mit Scratch zu programmieren, müssen wir noch zwei wichtige Elemente kennen lernen: *Variablen* und *Bedingungen*. Eine Variable ist, wie der Name vermuten lässt, ein Wert, der sich im Lauf der Zeit und vom Programm gesteuert verändern kann – sie ist also veränderlich. Eine Variable hat zwei Haupteigenschaften: ihren Namen und den Wert, den sie speichert. Dieser Wert muss nicht unbedingt eine Zahl sein. Vielmehr können Variablen außer Zahlen auch Text sowie die Zustände „wahr" oder „falsch" (auch boolsche Werte genannt) enthalten, oder auch ganz leer sein – man spricht dann von einem *Nullwert*.

Variablen sind äußerst wichtige Elemente. Denke an die Dinge, die in einem Spiel verfolgt werden müssen: die Gesundheit eines Charakters, die Geschwindigkeit sich bewegender Objekte, den Level, den der Benutzer gerade spielt, und die Punktzahl („Score"). All diese Elemente werden in Form von Variablen abgebildet.

Klicke zunächst auf das **Datei**-Menü und speichere dein Programm, indem du auf **Auf deinem Computer speichern** klickst. Wenn du das Programm schon vorher gespeichert hast, wirst du gefragt, ob du es überschreiben möchtest. Wenn ja, wird die bisherige Kopie durch die neue, aktuelle Version ersetzt. Klicke auf **Datei** und dann auf **Neu**, um ein neues, leeres Projekt zu beginnen (klicke auf **OK**, wenn du gefragt wirst, ob du den Inhalt des aktuellen Projekts ersetzen möchtest). Klicke in der Blockpalette auf die dunkelorangefarbene Kategorie **Variablen** und dann auf den **Neue Variable**-Button. Gib `Schleifen` als Variablennamen ein (**Abbildung 4-5**) und klicke dann auf **OK**. Es erscheint dann eine Reihe von Blöcken in der Blockpalette.

Abbildung 4-5 Gib deiner neuen Variablen einen Namen

Klicke und ziehe den -Block in den Skriptbereich. Er
weist das Programm an, die Variable mit einem Wert von 0 zu *initialisieren*. Als
Nächstes klickst du in der Blockpalette auf die Kategorie **Aussehen** und ziehst
den **sage Hallo! für 2 Sekunden** -Block unter den **setze Schleifen auf 0** -Block.

```
setze   Schleifen ▼   auf   0

sage   Hallo!   für   2   Sekunden
```

Wie du bereits festgestellt hast, bewirken die **sage Hallo!** -Blöcke, dass die
Katze das sagt, was in ihnen steht. Anstatt den Text selbst in den Block zu
schreiben, kannst du dafür auch eine Variable verwenden. Klicke wieder auf
die Kategorie **Variablen** in der Blockpalette. Klicke dann auf den abgerunde-
ten **Schleifen** -Block, bekannt als ein *Reporter-Block*, der sich ganz oben auf
der Liste befindet, mit einer Checkbox daneben. Ziehe diesen Reporter-Block
jetzt auf das Wort **Hallo!** im **sage Hallo! für 2 Sekunden** -Block. Damit erstellst
du einen neuen, kombinierten Block: **sage Schleifen für 2 Sekunden** .

Klicke in der Blockpalette auf die Kategorie **Ereignisse** und ziehe den
`Wenn 🏳 angeklickt wird`-Block an die oberste Stelle der Sequenz von Blöcken. Klicke auf die grüne Flagge über dem Bühnenbereich. Du wirst sehen,
dass das Katzen-Sprite „**0**" sagt (**Abbildung 4-6**) – das ist der Wert, den du der
Variablen **Schleifen** zugeteilt hast.

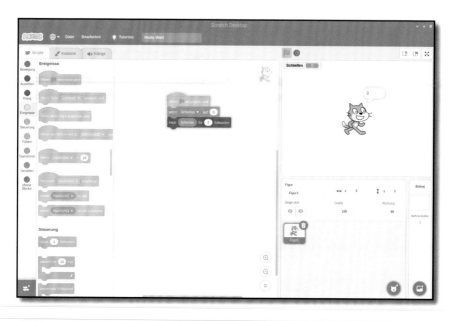

Abbildung 4-6　Dieses Mal sagt die Katze den Wert der Variablen

Variablen sind aber auch veränderbar. Klicke auf die Kategorie **Variablen** in
der Blockpalette und dann auf den `ändere Schleifen um 1`-Block. Ziehe ihn
nach ganz unten in die Sequenz von Blöcken.

Klicke als Nächstes auf die Kategorie **Steuerung**. Klicke auf den
`wiederhole 10 mal`-Block, ziehe ihn und lege ihn so ab, dass er direkt unter
dem `setze Schleifen auf 0`-Block platziert ist und die restlichen Blöcke in der
Sequenz umgibt.

Klicke erneut auf die grüne Flagge. Dieses Mal siehst du, wie die Katze von 0 bis 9 zählt. Das funktioniert, weil dein Programm nun die Variable ändert oder *modifiziert*: Jedes Mal, wenn die Schleife ausgeführt wird, erhöht das Programm den Wert in der **Schleifen**-Variablen um 1 (**Abbildung 4-7**).

VON NULL AN ZÄHLEN

Obwohl die Schleife, die du erstellt hast, zehnmal abläuft, zählt das Katzen-Sprite nur bis neun. Das liegt daran, dass die Variable mit dem Wert Null beginnt. Zählt man von null bis neun, kommt man insgesamt auf 10 Zahlen. Das heißt, das Programm stoppt, bevor die Katze „10" sagen kann. Du kannst das ändern, indem du den Anfangswert der Variablen auf 1 statt auf 0 setzt.

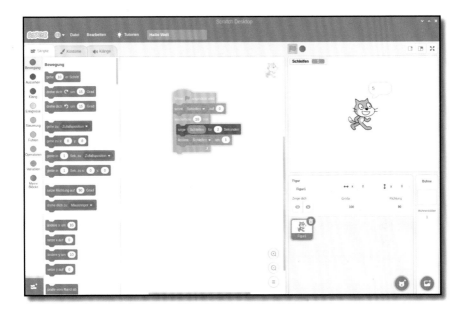

Abbildung 4-7 Dank der Schleife zählt die Katze jetzt aufwärts

Du kannst mit einer Variable noch mehr machen, als sie einfach nur zu ändern. Klicke und ziehe den `sage Schleifen für 2 Sekunden`-Block aus dem `wiederhole 10 mal`-Block heraus und platziere ihn unter dem `wiederhole 10 mal`-Block. Klicke auf den `wiederhole 10 mal`-Block und ziehe ihn in die Blockpalette, um ihn zu löschen. Ersetze ihn dann durch einen `wiederhole bis`-Block. Achte darauf, dass dieser mit der Unterseite des `setze Schleifen auf 0`-Blocks verbunden ist. Er sollte die beiden anderen Blöcke in deiner Sequenz umgeben. Klicke auf die Kategorie **Operatoren** in der Blockpalette (grün). Klicke und ziehe dann den rautenförmigen `⬭=⬭`-Block und platziere ihn im passenden rautenförmigen Loch im `wiederhole bis`-Block.

Mit diesem **Operatoren**-Block kannst du zwei Werte, einschließlich Variablen, vergleichen. Klicke auf die Kategorie **Variablen**, ziehe den ⬤Schleifen⬤-Reporter-Block auf den leeren Platz im ⬤◯=◯⬤ **Operatoren**-Block und klicke dann auf das Feld mit der Zahl **50**. Gib die Zahl **10** ein.

Klicke auf die grüne Flagge über dem Bühnenbereich. Du wirst feststellen, dass das Programm auf dieselbe Weise funktioniert wie zuvor: Das Katzen-Sprite zählt von 0 bis 9 (**Abbildung 4-8**) und dann stoppt das Programm. Dies liegt daran, dass der ⬤wiederhole bis⬤-Block genauso funktioniert wie der ⬤wiederhole 10 mal⬤-Block, aber anstatt die Anzahl der Schleifen selbst zu zählen, vergleicht er den Wert der Variablen **Schleifen** mit dem Wert, den du rechts neben dem Block eingegeben hast. Wenn die **Schleifen**-Variable 10 erreicht, stoppt das Programm.

Abbildung 4-8   Verwendung eines repeat until-Blocks mit einem Vergleichsoperator

Dies ist bekannt als *Vergleichsoperator*: Man vergleicht zwei Werte. Klicke auf die Kategorie **Operatoren** der Blockpalette und suche die beiden anderen rautenförmigen Blöcke über und unter dem Block mit dem **=**-Symbol. Dies sind ebenfalls Vergleichsoperatoren: **<** vergleicht zwei Werte und wird ausgelöst, wenn der Wert links kleiner als der rechte ist, und **>** wird ausgelöst, wenn der Wert links größer als der Wert rechts ist.

Klicke auf die Kategorie **Steuerung** der Blockpalette und suche den `falls , dann`-Block. Klicke darauf und ziehe ihn in den Skriptbereich, um ihn direkt unter den `sage Schleifen für 2 Sekunden`-Block zu platzieren. Er umgibt den `ändere Schleifen um 1`-Block automatisch. Klicke daher auf diesen Block und ziehe ihn nach unten, um ihn so zu verschieben, dass er sich stattdessen mit dem unteren Ende des `falls , dann`-Blocks verbindet. Klicke dann in der Blockpalette auf die Kategorie **Aussehen**, klicke auf einen `sage Hallo! für 2 Sekunden`-Block und ziehe ihn in das rautenförmige Loch des `falls , dann`-Blocks Klicke auf die Kategorie **Operatoren** in der Blockpalette, klicke dann auf den `⬭ > ⬭`-Block und ziehe ihn in das rautenförmige Loch des `falls , dann`-Blocks.

Der `falls , dann`-Block ist ein **bedingter**-Block, d. h. die Blöcke innerhalb dieses Blocks werden nur ausgeführt, wenn eine bestimmte Bedingung erfüllt ist. Klicke auf die Kategorie **Variablen** der Blockpalette, ziehe den `Schleifen`-Reporter-Block in den leeren Bereich im `⬭ > ⬭`-Block, klicke dann auf das Feld mit dem Wert **50** und gib die Zahl **5** ein. Klicke schließlich auf das Wort **Hallo!** im `sage Hallo! für 2 Sekunden`-Block und gib **Das ist hoch!** ein.

Klicke auf die grüne Flagge, um das Programm auszuführen. Zunächst funktioniert das Programm wie bisher, wobei das Katzen-Sprite von Null an aufwärts zählt. Wenn die Zahl 6 erreicht ist – die erste Zahl, die größer als 5 ist –, beginnt der `falls , dann`-Block auszulösen und das Katzen-Sprite kommentiert die aufsteigenden Zahlen (**Abbildung 4-9**). Herzlichen Glückwunsch, du hast jetzt gelernt, mit Variablen und Bedingungen zu arbeiten!

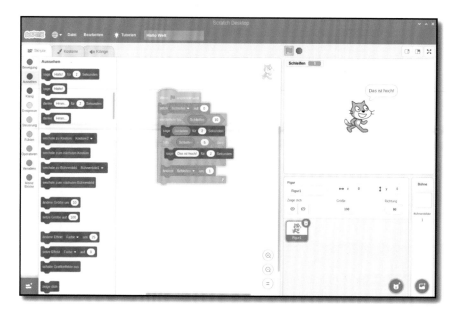

Abbildung 4-9   Die Katze gibt einen Kommentar ab, wenn die Zahl 6 erreicht ist

HERAUSFORDERUNG: HOCH UND NIEDRIG

Wie kannst das Programm so ändern, dass das Katzen-Sprite stattdessen kommentiert, wie niedrig die Zahlen unter 5 sind? Kannst du es so ändern, dass die Katze sowohl hohe, als auch niedrige Zahlen kommentiert? Experimentiere mit dem
`falls , dann sonst`-Block, um einfacher zu machen

Projekt 1: Astronauten-Reaktions-Timer

Jetzt, da du weißt, wie Scratch funktioniert, wollen wir etwas mit mehr Interaktion erstellen: einen Reaktions-Timer, der zu Ehren des britischen ESA-Astronauten Tim Peake und seiner Zeit an Bord der Internationalen Raumstation (ISS, International Space Station) entwickelt wurde.

Speichere dein Programm, wenn du es aufbewahren willst. Öffne dann ein neues Projekt: Klicke auf **Datei** und anschließend auf **Neu**. Bevor du beginnst, gibst du deinem Projekt einen Namen, indem du auf **Datei** und **Auf deinem Computer speichern** klickst – Nennen wir es „Astronauten-Reaktions-Timer".

Dieses Projekt stützt sich auf zwei Bilder – eines als Bühnenhintergrund, eines als Figur, die nicht in den integrierten Ressourcen von Scratch enthalten sind. Lade sie herunter, indem du auf das Raspberry Pi-Symbol klickst, um das Menü des Raspberry Pi zu öffnen. Bewege den Mauszeiger auf **Internet** und klicke auf **Chromium-Webbrowser**. Wenn der Browser geladen ist, gibst du **rptl.io/astro-bg** in die Adressleiste ein und drückst dann **ENTER**. Rechtsklicke auf das Bild des Weltraums und klicke auf **Bild speichern unter**, klicke dann auf den Button **Speichern** (Abbildung 4-10). Klicke erneut in die Adressleiste und gib **rptl.io/astro-sprite** ein, gefolgt von **ENTER**.

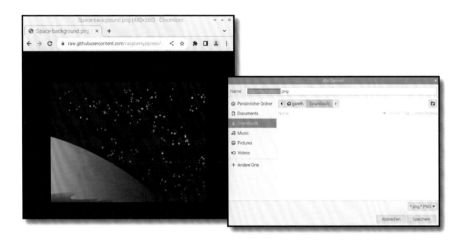

Abbildung 4-10   Speichern des Hintergrundbilds

Rechtsklicke auf das Bild von Tim Peake und klicke auf **Bild speichern unter**. Wähle dann den Ordner **Downloads** und klicke auf den Button **Speichern**. Wenn diese beiden Bilder gespeichert sind, kannst du Chromium schließen oder geöffnet lassen und über die Taskleiste zurück zu Scratch 3 wechseln.

BENUTZEROBERFLÄCHE

Wenn du dieses Kapitel von Anfang an verfolgt hast, solltest du jetzt mit der Benutzeroberfläche von Scratch 3 vertraut sein. Die folgenden Projektanleitungen setzen voraus, dass du weißt, wo du Dinge finden kannst. Wenn du etwas vergessen hast schau dir die Abbildung der Benutzeroberfläche am Anfang dieses Kapitels an.

Rechtsklicke auf das Katzen-Sprite in der Liste und klicke auf **Löschen**. Bewege den Mauszeiger über das **Wähle einen Hintergrund**-Symbol 🖼 Als Nächstes klickst du in der angezeigten Liste auf das **Hintergrund hochladen**-Symbol 🔼.

Finde die Datei **Space-background.png** im Ordner „Downloads", klicke darauf, um sie auszuwählen, und klicke dann auf **OK**. Der einfarbig-weiße Bühnenhintergrund ändert sich zu dem Bild des Weltraums, und der Skriptbereich wird durch den Hintergrundbereich ersetzt (**Abbildung 4-11**). Hier kannst du auf dem Hintergrund zeichnen, aber für den Moment klickst du einfach auf den Tab „**Skripte" am oberen Rand des Scratch 3-Fensters.**

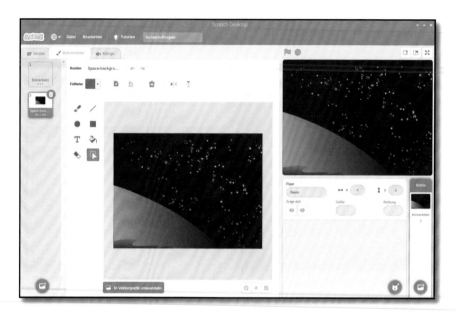

Abbildung 4-11   Der Weltraumhintergrund erscheint auf der Bühne.

Lade deine neue Figur hoch, indem du den Mauszeiger über das **Figur wählen**-Symbol ⬤ bewegst. Als Nächstes klickst du in der angezeigten Liste ganz oben auf das **Figur hochladen**-Symbol ⬆. Finde die Datei **Astronaut-Tim.png** im Ordner „Downloads", klicke darauf, um sie auszuwählen, und klicke dann auf **OK**. Die Figur erscheint automatisch auf der Bühne, befindet sich aber möglicherweise nicht in der Mitte. Klicke und ziehe sie mit der Maus und platziere sie in der Mitte des unteren Bereichs (**Abbildung 4-12**).

Mit deinem neuen Hintergrund und der neuen Figur bist du jetzt bereit, dein Programm zu bauen. Klicke auf den Tab **Skripte**. Wir beginnen mit dem Erstellen einer neuen Variablen namens **Zeit**. Achte darauf, dass **Für alle Figuren** ausgewählt ist, bevor du auf **OK** klickst. Klicke auf deine Figur – entweder auf der Bühne oder im Sprite-Bereich – um sie auszuwählen, und füge dem Skriptbereich einen `Wenn` 🏴 `angeklickt wird`-Block aus der Kategorie **Ereignisse** hinzu. Als Nächstes fügst du einen `sage Hallo! für 2 Sekunden`-Block aus der Kategorie **Aussehen** hinzu, und klickst darauf, um den Text zu ändern `Hallo! Hier ist der britische ESA-Astronaut Tim Peake. Bist du bereit?`.

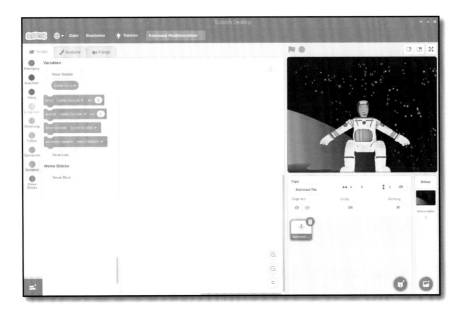

Abbildung 4-12 Ziehe die Astronauten-Figur in die untere Mitte der Bühne

Füge einen **warte 1 Sekunden**-Block aus der Kategorie **Steuerung** hinzu, dann einen **sage Hallo!**-Block. Ändere diesen Block in „**Drücke die Leertaste**" und füge dann einen **setze Stoppuhr zurück**-Block aus der Kategorie **Fühlen** hinzu. Diese steuert eine in Scratch eingebaute spezielle Variable für die Zeitmessung („Timer") und bestimmt, wie schnell du im Spiel reagieren kannst.

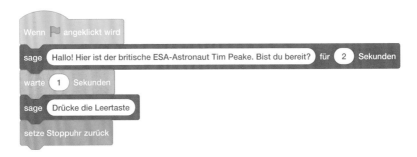

Füge einen **warte bis** **Steuerung**-Block hinzu und ziehe dann einen **Taste Leertaste gedrückt?** **Fühlen**-Block in seinen weißen Bereich. Dadurch

wird das Programm angehalten, bis du die **LEERTASTE** auf der Tastatur drückst, aber der Timer läuft weiter – er zählt genau, wie viel Zeit zwischen der Meldung **Drücke die Leertaste** und dem tatsächlichen Drücken der **LEERTASTE** vergeht.

Tim muss dir jetzt sagen, wie lange du für das Drücken der **LEERTASTE** gebraucht hast, aber auf eine Weise, die leicht zu lesen ist. Dazu brauchst du einen `verbinde` Operatoren-Block. Dieser nimmt zwei Werte, die auch Variablen sein können, und hängt sie aneinander. Das ist als *Verkettung* bekannt.

Beginne mit einem `sage Hallo!`-Block und ziehe dann einen `verbinde` Operatoren-Block über das Wort **Hallo!**. Klicke auf **Apfel** und gib **Deine Reaktionszeit betrug** ein. Achte darauf, dass am Ende ein Leerzeichen steht und ziehe dann einen weiteren **Verbinde**-Block über **Banane** im zweiten Feld. Ziehe einen `Stoppuhr` Reporter-Block aus der Kategorie **Fühlen** in das Feld, das jetzt in der Mitte ist, und gib **Sekunden** in das letzte Feld ein. Achte darauf, am Anfang ein Leerzeichen einzufügen.

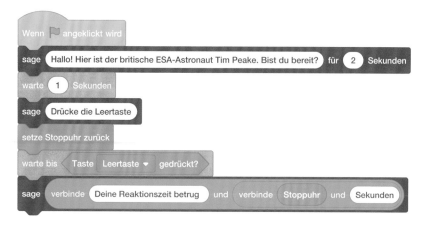

Ziehe schließlich einen `setze meine Variable auf 0` Variablen-Block an das Ende der Sequenz. Klicke auf den Abwärtspfeil neben „**meine Variable**" und klicke auf „**Zeit**" in der Liste, dann ersetze die **0** durch einen **Stoppuhr** Reporter-Block aus der Kategorie **Fühlen**. Dein Spiel ist jetzt bereit zum Testen. Klicke dazu auf die grüne Flagge über der Bühne. Halte dich bereit: Sobald du die Meldung „**Drücke die Leertaste**" siehst, drückst du die **LEERTASTE**, so schnell du kannst (**Abbildung 4-13**).

Schaffst du es, unseren Highscore zu schlagen?

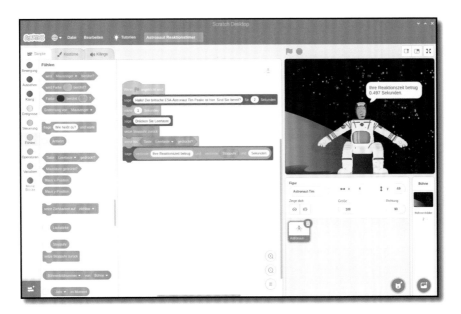

Abbildung 4-13   Zeit, das Spiel zu spielen!

Du kannst dieses Projekt weiter entwickeln, indem du grob berechnen lässt, wie weit sich die Internationale Raumstation in der Zeit, die du bis zur Betätigung der **LEERTASTE** gebraucht hast, geflogen ist. Wir legen dabei die offiziell angegebene Geschwindigkeit der Station von sieben Kilometern pro Sekunde zu Grunde. Wir erstellen zunächst eine neue Variable namens **Entfernung**. Beobachte, wie sich die Blöcke in der Kategorie **Variablen** automatisch ändern, um die neue Variable anzuzeigen, während die bestehenden Variablenblöcke **Zeit** im Programm unverändert bleiben.

Füge einen **setze Entfernung auf 0** -Block hinzu und ziehe dann einen **○ * ○** Operatoren-Block – der die Multiplikation anzeigt – auf die **0**. Ziehe einen **Zeit** Reporter-Block auf das erste leere Feld und gib dann die Zahl **7** in das zweite Feld ein. Wenn du fertig bist, lautet die Anweisung im kombinierten Block: **setze Entfernung auf time * 7** . Damit wird die Zeit, die du bis zum Drücken der **LEERTASTE** gebraucht hast, mit 7 multipliziert, um die Entfernung in Kilometern zu erhalten, die die ISS zurückgelegt hat.

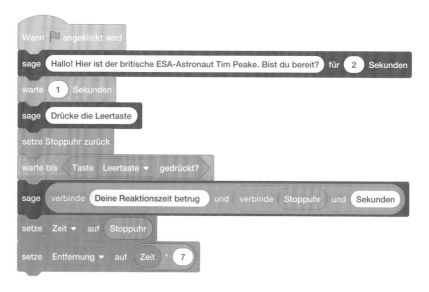

Füge einen `warte 1 Sekunden`-Block hinzu und ändere ihn in **4**. Als Nächstes ziehst du einen weiteren `sage Hallo!`-Block an das Ende der Sequenz und fügst zwei `verbinde`-Blöcke hinzu – genau wie vorhin. Überschreibe das erste Feld **Apfel** mit **In dieser Zeit legt die ISS rund** und vergiss nicht, am Ende ein Leerzeichen zu setzen. In das Feld **Banane** schreibst du **km.**. Denk daran, am Anfang ein Leerzeichen zu setzen.

Ziehe abschließend einen `verbinde` Operatoren-Block in den mittleren leeren Bereich und dann einen `Entfernung` Reporter-Block in den neuen leeren Bereich. Der `verbinde`-Block rundet Zahlen auf die nächstliegende ganze Zahl auf oder ab, sodass du statt einer sehr präzisen, aber schwer lesbaren Kilometerzahl eine leicht lesbare ganze Zahl erhältst.

Klicke auf die grüne Flagge, um das Programm auszuführen, und schau, wie weit sich die ISS in der Zeit bewegt, die du bis zum Drücken der **LEERTASTE** benötigst (**Abbildung 4-14**). Vergiss nicht, dein Programm zu speichern, wenn du fertig bist, damit du es in Zukunft einfach wieder laden kannst und nicht von vorn beginnen musst.

> ### ❓ HERAUSFORDERUNG: EIGENE GRAFIK
>
> Du kannst auf eine Figur oder einen Hintergrund klicken und dann auf den Tab **Kostüme** oder **Hintergrundbilder**, um einen Editor mit Zeichenwerkzeugen aufzurufen. Kannst du deine eigenen Figuren und Hintergründe zeichnen und den Code so ändern, dass deine Figur etwas anderes sagt?

Abbildung 4-14   Tim sagt dir, wie weit die ISS geflogen ist

Projekt 2: Synchronisiertes Schwimmen

Die meisten Spiele verwenden mehr als nur eine einzige Taste. Dieses Projekt demonstriert dies, indem es die Steuerung über zwei Tasten, nämlich die Links- und die Rechtspfeiltasten der Tastatur ermöglicht.

Erstelle ein neues Projekt und speichere es unter dem Namen „Synchronisiertes Schwimmen". Klicke auf **Bühne** im Bereich „Bühnensteuerung" und dann oben links auf den Tab **Hintergrundbilder**. Klicke auf den Button **In Rastergrafik umwandeln** unterhalb des Hintergrunds. Wähle eine wasserähnliche blaue Farbe aus der **Füllfarbe**-Palette und klicke auf das **Füllfarbe**-Symbol ⬛. Als Nächstes klickst du auf den karierten Hintergrund, um ihn mit Blau zu füllen (**Abbildung 4-15**).

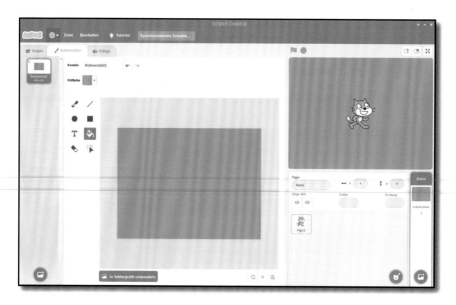

Abbildung 4-15   Fülle den Hintergrund mit blauer Farbe

Rechtsklicke auf das Katzen-Sprite in der Liste und klicke auf **Löschen**. Klicke auf das **Figur wählen** -Symbol 🔵, um eine Liste der integrierten Figuren anzuzeigen. Klicke auf die Kategorie **Tiere**, dann auf **Cat Flying** (**Abbildung 4-16**) und schließlich auf **OK**. Diese Figur eignet sich auch gut für Schwimmprojekte.

Klicke auf die neue Figur und ziehe dann zwei `Wenn Taste Leertaste gedrückt wird` Ereignisse-Blöcke in den Skriptbereich. Klicke auf den kleinen Abwärtspfeil neben dem Wort „Leertaste" im ersten Block und wähle **Pfeil nach links** aus der Liste der möglichen Optionen. Ziehe einen `drehe dich nach links um 15 Grad` Bewegung-Block unter den `Wenn Taste Pfeil nach links gedrückt wird`-Block. Jetzt machst du dasselbe mit

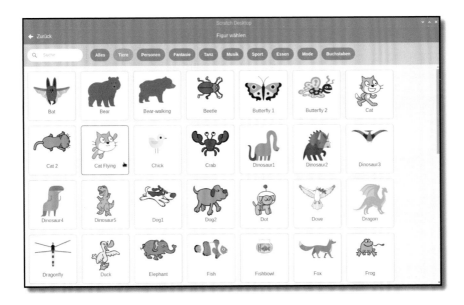

Abbildung 4-16   Wähle eine Figur aus der Bibliothek

dem zweiten **Ereignisse**-Block, nur dass du **Pfeil nach rechts** aus der Liste auswählst und einen `drehe dich nach rechts um 15 Grad` **Bewegung**-Block verwendest.

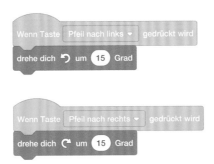

Drücke die Links- oder Rechtspfeiltaste, um dein Programm zu testen. Du wirst sehen, wie sich das Katzen-Sprite in die Richtung dreht, die du auf der Tastatur wählst. Ist dir aufgefallen, dass du dieses Mal nicht auf die grüne Flagge klicken musstest? Das liegt daran, dass die von dir verwendeten **Ereignisse**-Auslöserblöcke immer aktiv sind, auch wenn das Programm nicht im üblichen Sinne „läuft".

Führe dieselben Schritte noch zweimal aus, wähle jedoch diesmal **Pfeil nach oben** und **Pfeil nach unten** für die **Ereignisse**-Auslöserblöcke, dann

gehe 10 er Schritt und **gehe -10 er Schritt** für die **Bewegung**-Blöcke. Drücke jetzt die Pfeiltasten und du wirst sehen, dass deine Katze sich umdrehen und auch vorwärts und rückwärts schwimmen kann!

Um die Bewegung der Katze realistischer zu machen, kannst du ihr Aussehen verändern – in Scratch ist das bekannt als *Kostüm*. Klicke auf das Katzen-Sprite und dann auf den Tab **Kostüme** über der Blockpalette. Klicke auf das Kostüm **cat flying-a** und dann auf das ⊗-Symbol in der rechten oberen Ecke, um es zu löschen. Klicke jetzt auf das Kostüm **cat flying-b** und benenne es im Namensfeld oben zu „rechts" um (**Abbildung 4-17**).

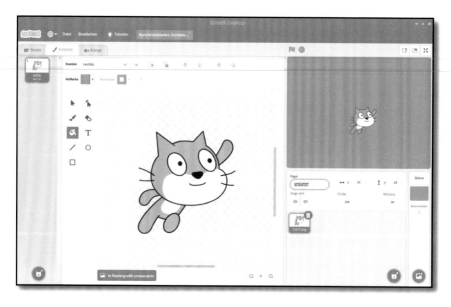

Abbildung 4-17 Benenne das Kostüm zu „rechts" um

rechtsklicken Rechtsklicke auf das umbenannte Kostüm „rechts" und dann auf **Duplizieren**, um eine Kopie zu erstellen. Klicke auf diese Kopie, um sie auszuwählen, und dann auf das Symbol **Auswählen** ▶. Als Nächstes klickst du auf das **Horizontal spiegeln**-Symbol ◄►. Schließlich benennst du das doppelte Kostüm in „links" um (**Abbildung 4-18**). Du hast nun zwei „Kostüme" für deine Figur. Es sind exakte Spiegelbilder: eines mit dem Namen „rechts", wobei die Katze nach rechts zeigt, und eines mit dem Namen „links", bei dem die Katze nach links zeigt.

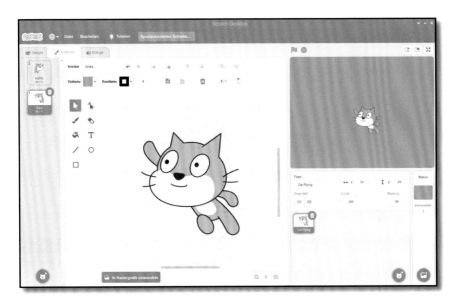

Abbildung 4-18   Dupliziere das Kostüm, drehe es um und nenne es „links"

Klicke auf den Tab **Skripte** über dem Kostüm-Bereich und ziehe dann zwei `wechsle zu Kostüm links` **Aussehen**-Blöcke unter die Linkspfeil- und Rechtspfeil **Ereignisse**-Blöcke, wobei du den unter dem Rechtspfeilblock auf `wechsle zu Kostüm rechts` änderst. Versuche es noch einmal mit den Pfeiltasten. Die Katze scheint sich nun in die Richtung zu drehen, in die sie schwimmt.

Für das Synchronschwimmen im olympischen Stil brauchen wir jedoch mehr Schwimmer und außerdem eine Möglichkeit, die Position des Katzen-Sprites zurückzusetzen. Füge einen `Wenn 🏳 angeklickt wird` Ereignisse-Block hinzu und darunter einen `gehe zu x: 0 y: 0` Bewegung-Block. Ändere wenn nötig die Werte, und füge einen `setze Richtung auf 90 Grad` Bewegung-Block hinzu. Wenn du nun auf die grüne Flagge klickst, bewegt sich die Katze in die Mitte der Bühne und zeigt nach rechts.

Um weitere Schwimmer zu erstellen, fügst du einen `wiederhole 6 mal`-Block hinzu – wobei du den Standardwert **10** änderst. Füge einen `erzeuge Klon von mir selbst` Steuerung-Block darin ein. Damit die Schwimmer nicht alle in die gleiche Richtung schwimmen, fügst du einen `drehe dich nach rechts um 60 Grad`-Block oberhalb des `erzeuge Klon von`-Blocks ein (immer noch innerhalb des `wiederhole 6 mal`-Blocks). Klicke auf die grüne Flagge und probiere jetzt mit den Pfeiltasten, die Schwimmer zum Leben zu erwecken!

Um die olympische Atmosphäre komplett zu machen, wollen wir das Ganze mit etwas Musik untermalen. Klicke auf den Tab **Klänge** oberhalb der Block-palette und dann auf das **Klang wählen**-Symbol 🔊. Klicke auf die Kategorie **Schleifen** und scrolle durch die Liste (**Abbildung 4-19**), bis du eine Musik fin-dest, die dir gefällt – wir haben uns für „Dance Around" entschieden. Klicke auf den Button **OK**, um die Musik auszuwählen, und dann auf den Tab **Skrip-te**, um den Skriptbereich wieder zu öffnen.

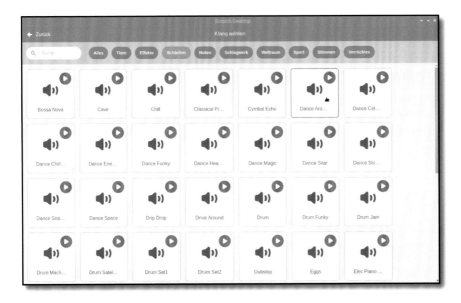

Abbildung 4-19   Wähle eine Musikschleife aus der Sound-Bibliothek

Füge einen weiteren `Wenn ⚑ angeklickt wird` **Ereignisse**-Block zu deinem Skriptbereich hinzu, gefolgt von einem `wiederhole fortlaufend` **Steue-rung**-Block. Füge innerhalb dieses **Steuerung**-Blocks einen `spiele Klang dance around ganz`-Block hinzu. Denke daran, dabei nach dem Na-men des von dir gewählten Musikstücks zu suchen – und klicke auf die grüne Flagge, um dein neues Programm zu testen. Wenn du die Musik anhalten möchtest, klicke auf das rote Achteck, um das Programm zu stoppen und die Tonwiedergabe abzuschalten.

Du kannst auch eine vollständige Tanzroutine simulieren, indem du dem Pro-gramm einen neuen Ereignisauslöser hinzufügst. Füge einen `Wenn Taste Leertaste gedrückt wird`- und einen `wechsle zu Kostüm rechts`-Block hinzu. Füge darunter einen `wiederhole 36 mal`-Block ein – denke daran, den Standardwert zu ändern – und innerhalb dieses Blocks einen `drehe dich nach rechts um 10 Grad`-Block, sowie einen `gehe 10 er Schritt`-Block.

Klicke auf die grüne Flagge, um das Programm zu starten, und drücke dann die **LEERTASTE**, um die neue Routine auszuprobieren (**Abbildung 4-20**). Zum Schluss speicherst du dein Programm!

HERAUSFORDERUNG: BENUTZERDEFINIERTE ROUTINE

Kannst du deine eigene synchronisierte Schwimmroutine mit Hilfe von Schleifen erstellen? Was musst du ändern, wenn du mehr oder weniger Schwimmer haben willst? Kannst du mehrere Schwimmroutinen hinzufügen, die über verschiedene Tasten auf der Tastatur ausgelöst werden können?

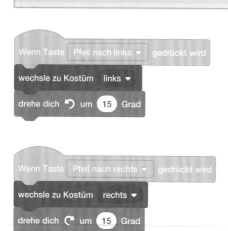

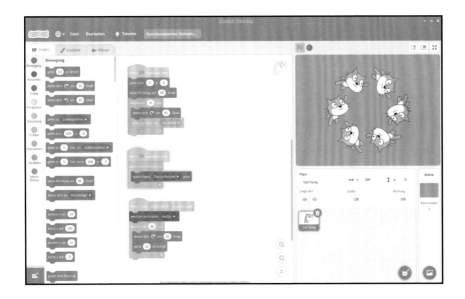

Abbildung 4-20   Die fertige Routine „Synchronisiertes Schwimmen"

Projekt 3: Bogenschießen-Spiel

Jetzt, da du dich zu einem Scratch-Experten entwickelst, ist es an der Zeit, an einem etwas anspruchsvolleren Programm zu arbeiten – einem Bogenschie-ßen-Spiel, bei dem der Spieler mit einem nach dem Zufallsprinzip schwingen-den Pfeil und Bogen ein Ziel treffen muss.

Öffne zunächst den Chromium-Webbrowser und gib in die Adressleiste **rptl.io/archery** ein, gefolgt von **ENTER**. Die Ressourcen für das Spiel sind in einer Zip-Datei enthalten, die du entpacken musst. Rechtsklicke auf die Datei und wähle **Hier entpacken**. Wechsle zurück zu Scratch 3 und klicke auf das **Datei**-Menü, gefolgt von **Von deinem Computer hochladen**. Klicke auf **Ar-cheryResources.sb3** und anschließend auf den Button **Öffnen**. Du wirst ge-fragt, ob du den Inhalt deines aktuellen Projekts ersetzen möchtest. Wenn du deine Änderungen noch nicht gespeichert hast, klickst du auf **Abbrechen** und speicherst sie, dann klickst du auf **OK**.

Das Projekt, das du gerade geladen hast, enthält einen Hintergrund und eine Figur (**Abbildung 4-21**), aber kein Programm, um ein Spiel zu bauen: Das ist jetzt deine Aufgabe. Füge zuerst einen `Wenn 🏴 angeklickt wird`-Block und dann einen `sende Nachricht1 an alle`-Block ein. Klicke auf den Abwärtspfeil am Ende des Blocks, dann auf „**Neue Nachricht**", und gib „**neuer Pfeil**"

Abbildung 4-21 Ressourcen für das Bogenschießen

ein, bevor du auf den Button **OK** klickst. Der Block enthält jetzt
`sende neuer Pfeil an alle`.

Ein Broadcast („sende ... an alle") ist eine Nachricht von einem Teil deines Programms, die von jedem anderen Teil deines Programms empfangen werden kann. Damit er tatsächlich etwas tut, fügst du einen `Wenn ich Nachricht1 empfange`-Block hinzu und änderst ihn wieder in `Wenn ich neuer Pfeil empfange`. Diesmal kannst du einfach auf den Abwärtspfeil klicken und **neuer Pfeil** aus der Liste wählen. Du musst die Nachricht nicht erneut erstellen.

Ziehe einen `gehe zu x: -150 y: -150`- und einen `setze Größe auf 400`-Block in den Skriptbereich und platziere sie unter dem `Wenn ich neuer Pfeil empfange`-Block. Denke daran, dass dies nicht die Standardwerte für diese Blöcke sind, sodass du sie ändern musst, sobald du sie in den Skriptbereich gezogen hast. Klicke auf die grüne Flagge, um zu sehen, was du bisher getan hast: Das Pfeil-Sprite, mit dem der Spieler auf das Ziel zielt, springt auf der Bühne nach links unten und vervierfacht seine Größe.

Um dem Spieler eine echte Herausforderung zu geben, fügst du Bewegungen hinzu, die das Schwingen des Bogens simulieren, wenn er gespannt wird und der Bogenschütze sein Ziel ins Auge fasst. Ziehe einen (wiederhole fortlaufend) -Block, gefolgt von einem (gleite in 1 Sek. zu x: -150 y: -150) -Block. Ändere das erste weiße Feld in **0.5** statt **1**, platziere dann einen (Zufallszahl von -150 bis 150) **Operatoren**-Block in jedes der anderen beiden weißen Felder. Das bedeutet, dass der Pfeil in einer zufälligen Richtung und über eine zufällige Distanz über die Bühne driften wird – was es viel schwieriger macht, das Ziel zu treffen!

Klicke erneut auf die grüne Flagge und du wirst sehen, was dieser Block bewirkt. Das Pfeil-Sprite driftet nun auf der Bühne hin und her, und deckt verschiedene Teile des Ziels ab. Im Moment hast du jedoch keine Möglichkeit, den Pfeil auf das Ziel zu schießen.

Ziehe einen (Wenn Taste Leertaste gedrückt wird) -Block in den Skriptbereich, gefolgt von einem (stoppe alles) **Steuerung**-Block. Klicke den Abwärtspfeil am Ende des Blocks und ändere ihn zu einen (stoppe andere Skripte der Figur) -Block.

Wenn du dein Programm angehalten hast, um die neuen Blöcke hinzuzufügen, klickst du auf die grüne Flagge, um es erneut zu starten, und drückst dann die **LEERTASTE**: Du wirst sehen, dass sich das Pfeil-Sprite nicht mehr bewegt. Das ist ein Anfang, aber du musst es aussehen lassen, als ob der Pfeil zum Ziel fliegt. Füge einen `wiederhole 50 mal`-Block, gefolgt von einem `ändere Größe um -10`-Block hinzu und klicke dann auf die grüne Flagge, um das Spiel erneut zu testen. Diesmal scheint der Pfeil weg von dir und auf das Ziel zuzufliegen.

Damit das Spiel mehr Spaß macht, solltest du eine Möglichkeit einbauen, den Punktstand zu erfassen. Im gleichen Stapel von Blöcken fügst du jetzt einen `falls , dann`-Block hinzu. Er muss unter dem `wiederhole 50 mal`-Block platziert werden, nicht in dessen Innern – mit einem `wird Farbe berührt?`-Fühlen-Block in der rautenförmigen Lücke. Um die richtige Farbe zu wählen, klickst du auf das farbige Kästchen am Ende des Blocks **Fühlen** und dann auf das **Pipettensymbol**-Symbol 🖋. Klicke als Nächstes auf die gelbe Mitte des Ziels auf der Bühne.

Füge einen `spiele Klang cheer`-Block hinzu, sowie einen `sage 200 Punkte für 2 Sekunden`-Block im Innern des `falls , dann`-Blocks, damit der Spieler weiß, dass er getroffen hat. Schließlich fügst du einen `sende neuer Pfeil an alle`-Block ganz unten zu dem Blockstapel hinzu – unterhalb und außerhalb des `falls , dann`-Blocks, um dem Spieler bei jedem Schuss einen weiteren Pfeil zu geben. Klicke auf die grüne Flagge, um dein Spiel zu beginnen, und versuche, die gelbe Mitte zu treffen: Wenn du es schaffst, wirst du mit dem Jubel der Menge und 200 Punkten belohnt!

Das Spiel funktioniert jetzt, ist aber vielleicht ein bisschen zu schwierig. Verwende das in diesem Kapitel Gelernte und versuche, das Spiel zu erweitern, um Punkte für das Treffen anderer Teile der Zielscheibe als dem Volltreffer hinzuzufügen – 100 Punkte für Rot, 50 Punkte für Blau, und so weiter.

Weitere Scratch-Projekte zum Ausprobieren findest du hier: Anhang D, *Weiterführende Literatur*.

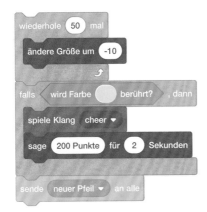

HERAUSFORDERUNG: KANNST DU ES VERBESSERN?

Wie kannst du das Spiel einfacher machen? Wie kannst du es schwieriger machen? Kannst du Variablen verwenden, um die Punktzahl des Spielers mit jedem abgefeuerten Pfeil weiter zu erhöhen? Kannst du einen Countdown-Timer hinzufügen, um das Spiel spannender zu machen?

Kapitel 5

Programmieren mit Python

Jetzt, da du dich mit Scratch auskennst, zeigen wir dir, wie man textbasierten Code in Python schreibt.

Die von Guido van Rossum nach der Comedy-Truppe Monty Python benannte Programmiersprache Python hat sich von einem Hobbyprojekt, das 1991 erstmals der Öffentlichkeit vorgestellt wurde, zu einer beliebten Programmiersprache entwickelt, die eine große Vielfalt an Projekten unterstützt. Im Gegensatz zur visuellen Umgebung von Scratch ist Python textbasiert. Du schreibst also Anweisungen in einer vereinfachten Sprache und in einem spezifischen Format, die der Computer versteht und ausführt.

Python ist ein guter nächster Schritt für diejenigen, die bereits mit Scratch gearbeitet haben, da es mehr Flexibilität und eine „traditionellere" Programmierumgebung bietet. Das heißt aber nicht, dass es schwierig zu lernen ist. Mit ein wenig Übung kann jedermann Python-Programme für alle möglichen Dinge schreiben — von einfachen Berechnungen bis hin zu überraschend komplexen Spielen.

Dieses Kapitel baut auf Begriffen und Konzepten auf, die wir in Kapitel 4, *Programmieren mit Scratch 3* vorgestellt haben. Falls du die Übungen in dem Kapitel noch nicht durchgearbeitet hast, lohnt es sich, dies nachzuholen. Es wird dir dann leichter fallen, den Anleitungen in diesem Kapitel zu folgen.

Einführung in die Thonny-Python-IDE

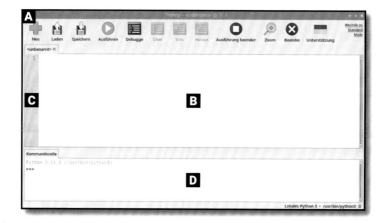

A Symbolleiste

B Skriptbereich

C Zeilennummern

D Python-Shell

Die Thonny-Benutzeroberfläche im „einfachen Modus" (simple mode) verwendet eine Leiste mit Symbolen (**A**) als Menü. Sie hilft dir, eigene Python-Programme zu erstellen, zu speichern, zu laden und auszuführen und sie auf verschiedene Weise zu testen. Der Skriptbereich (**B**) ist der Bereich, in dem du die Python-Programme schreibst. Er ist in einen Hauptbereich für dein Programm und einen schmalen Rand an der linken Seite zur Anzeige der Zeilennummern (**C**) unterteilt. Die Python-Shell (**D**) erlaubt die Eingabe individueller Anweisungen, die ausgeführt werden, sobald du **ENTER** drückst. Außerdem werden hier Infos zu laufenden Programmen angezeigt.

THONNY-MODI

Thonny bietet zwei Hauptversionen seiner Oberfläche: „Regular Mode" und „Simple Mode". Letzterer ist für Einsteiger besser geeignet. In diesem Kapitel nutzen wir den Simple Mode, der standardmäßig geladen wird, wenn du Thonny über den Abschnitt **Entwicklung** des Raspberry Pi-Menüs öffnest.

Um die Sprache von Thonny zu ändern, klickst du unten rechts im Fenster von Thonny auf **Lokales Python 3**, und dann auf **Konfiguriere den Interpreter**. Als Nächstes klicke auf den Tab **Allgemeines** und wähle dann deine Sprache. Zum Schluss klickst du auf **OK**.

Dein erstes Python-Programm: Hallo Welt!

Wie die anderen vorinstallierten Programme auf dem Raspberry Pi ist auch Thonny über das Menü verfügbar: Klicke auf das Raspberry Pi-Symbol, bewege den Cursor zum Abschnitt **Entwicklung** und klicke auf **Thonny**. Nach wenigen Sekunden wird die Thonny-Benutzeroberfläche (standardmäßig im Simple Mode) geladen.

Thonny ist ein Paket, das als *integrierte Entwicklungsumgebung (IDE)* bezeichnet wird – ein kompliziert klingender Name mit einer einfachen Erklärung. Es *integriert*, d. h. „versammelt" alle Tools, die du zum Schreiben oder *Entwickeln* von Programmen brauchst, in einer einzigen Benutzeroberfläche, auch *Umgebung („environment")* genannt. Es gibt jede Menge IDEs. Einige davon unterstützen mehrere Programmiersprachen, während andere – wie Thonny – sich auf die Unterstützung einer einzigen Sprache konzentrieren.

Im Gegensatz zu Scratch, das dir visuelle Bausteine als Grundlage für deine Programme bereitstellt, ist Python eine traditionellere Programmiersprache, bei der die Anweisungen als Text eingegeben werden. Starte dein erstes Programm, indem du auf den Python-Shell-Bereich unten links im Thonny-Fenster klickst und dann die folgende Anweisung eingibst, dann drücke **ENTER**:

```
print("Hallo Welt!")
```

Wenn du **ENTER** drückst, siehst du, dass dein Programm sofort ausgeführt wird. Python antwortet im gleichen Shell-Bereich mit der Meldung „Hallo Welt!" (**Abbildung 5-1**), ganz wie gewünscht. Das liegt daran, dass die Shell eine direkte Verbindung zum Python-*Interpreter* darstellt. Er nimmt deine Anweisungen entgegen und *interpretiert* sie. Dies ist der *interaktive Modus*. Am besten stellst du dir das wie ein persönliches Gespräch vor: Du sagst etwas, dein Gesprächspartner antwortet und wartet darauf, was du entgegnest, usw.

SYNTAXFEHLER

Wenn dein Programm nicht funktioniert, sondern stattdessen eine Syntax-Error („Syntaxfehler")-Meldung im Shell-Bereich ausgibt, dann hat sich irgendwo in deiner Anweisung ein Fehler eingeschlichen. Python erwartet Anweisungen in einer ganz bestimmten Art und Weise. Lässt man eine Klammer oder ein Anführungszeichen aus, schreibt „print" falsch – z.B. mit einem großen P–, oder fügt irgendwo in der Anweisung zusätzliche Symbole hinzu, kann das Programm die Anweisung nicht verstehen. Gib deine Anweisung erneut ein und achte darauf, dass sie mit der Schreibweise in diesem Buch exakt übereinstimmt, bevor du **ENTER** drückst!

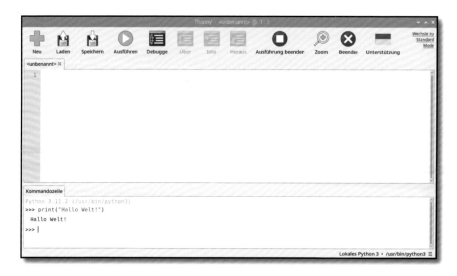

Abbildung 5-1   Python gibt die Nachricht „Hallo Welt!" im Shell-Bereich aus.

Du musst Python aber nicht ausschließlich im interaktiven Modus verwenden. Klicke auf den Skriptbereich in der Mitte des Thonny-Fensters und gib dann das Programm erneut ein:

```
print("Hallo Welt!")
```

Wenn du jetzt **ENTER** drückst, passiert nichts – außer, dass im Skriptbereich eine neue, leere Zeile angezeigt wird. Um diese Version deines Programms zum Laufen zu bringen, musst du auf das **Ausführen**-Symbol ◯ in der Thonny-Symbolleiste klicken. Bevor du das tust, solltest du jedoch auf das **Speichern**-Symbol 🖺 klicken. Gib deinem Programm einen aussagekräftigen Namen, zum Beispiel **Hallo Welt.py** und klicke auf den **OK**-Button. Sobald du dein Programm gespeichert hast, klickst du auf das **Ausführen**-Symbol ◯. Daraufhin werden zwei Nachrichten im Python-Shell-Bereich (**Abbildung 5-2**) angezeigt:

```
>>> %Run 'Hallo Welt.py'
 Hallo Welt!
```

Die erste dieser Zeilen ist eine Anweisung von Thonny, die den Python-Interpreter anweist, das Programm auszuführen. Die zweite Zeile enthält die Ausgabe des Programms – den Text, den du Python angewiesen hast, zu drucken. Herzlichen Glückwunsch: Du hast soeben dein erstes Python-Programm sowohl im interaktiven Modus als auch im Skript-Modus geschrieben und ausgeführt!

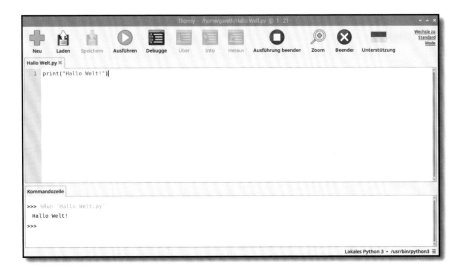

Abbildung 5-2 Ausführen des einfachen Programms

Nächste Schritte: Schleifen und Code-Einrückung

So wie Scratch Stapel von puzzleartigen Blöcken verwendet, um zu kontrollieren, welche Teile des Programms miteinander verbunden sind, so kontrolliert Python auf seine eigene Weise die Reihenfolge, in der Programme ausgeführt werden. Es benutzt dafür die *Einrückung*. Erstelle ein neues Programm, indem du auf das **Neu**-Symbol ✚ in der Thonny-Symbolleiste klickst. Dabei geht dein erstes Programm nicht verloren. Thonny richtet einen neuen Tab oberhalb des Skriptbereichs ein. Gib zunächst folgenden Text ein:

```
print("Schleife startet!")
for i in range(10):
```

Die erste Zeile gibt eine einfache Nachricht an die Shell aus, genau wie dein „Hallo Welt"-Programm. Die zweite beginnt eine *endliche* Schleife, also eine

Schleife mit einer vorgegebenen Anzahl von Wiederholungen, die genauso funktioniert wie die in Scratch. Ein Zähler – **i** – mit einem bestimmten Wert wird der Schleife zugewiesen. Dies ist die Anweisung **range**, die dem Programm sagt, dass es bei der Zahl 0 beginnen und aufwärts in Richtung 10 zählen, jedoch stets enden soll, bevor es 10 erreicht. Ein Doppelpunkt (**:**) teilt Python mit, dass die nächste Anweisung Teil der Schleife ist.

Bei Scratch sind die Anweisungen, die in die Schleife aufgenommen werden sollen, buchstäblich im Inneren des C-förmigen Blocks enthalten. Python bewerkstelligt dies auf andere Art. Durch das Einrücken von Programmzeilen. Die nächste Zeile beginnt mit vier Leerzeichen, die Thonny automatisch einfügt, wenn du nach Zeile 2 **ENTER** drückst:

```
    print("Schleifenzahl", i)
```

Die Leerzeichen rücken diese neue Zeile im Verhältnis zu den anderen Zeilen nach innen. Durch diese Einrückung verdeutlicht Python den Unterschied zwischen Anweisungen außerhalb der Schleife und Anweisungen innerhalb der Schleife. Der eingerückte Code wird als *verschachtelt* bezeichnet.

Nachdem du am Ende der dritten Zeile **ENTER** gedrückt hast, siehst du, dass Thonny die nächste Zeile automatisch einrückt, in der Annahme, dass sie ebenso Teil der Schleife sein soll. Um die Einrückung zu entfernen, drückst du einfach einmal die **RÜCKTASTE**, bevor du die vierte Zeile eingibst:

```
print("Schleife endet!")
```

Damit ist dein Vier-Zeilen-Programm abgeschlossen. Die erste Zeile befindet sich außerhalb der Schleife und wird nur einmal ausgeführt. Die zweite Zeile richtet die Schleife ein; die dritte Zeile befindet sich innerhalb der Schleife und wird jedes Mal, wenn die Schleife läuft, einmal ausgeführt. Die vierte Zeile befindet sich wieder außerhalb der Schleife.

```
print("Schleife startet!")
for i in range(10):
    print("Schleifenzahl", i)
print("Schleife endet!")
```

Klicke auf das **Speichern**-Symbol 💾, speichere das Programm als **Einrückung.py**, klicke dann auf das **Ausführen**-Symbol ▶ und sieh dir im Shell-Bereich die Ausgabe an (**Abbildung 5-3**):

```
Schleife startet!
Schleifenzahl 0
Schleifenzahl 1
```

```
Schleifenzahl 2
Schleifenzahl 3
Schleifenzahl 4
Schleifenzahl 5
Schleifenzahl 6
Schleifenzahl 7
Schleifenzahl 8
Schleifenzahl 9
Schleife endet!
```

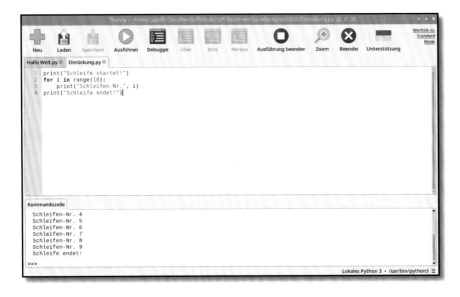

Abbildung 5-3   Ausführen einer Schleife

ZÄHLUNG BEGINNT MIT NULL

Python ist eine nullindizierte Sprache: Das bedeutet, dass sie beim Zählen mit 0 und nicht mit 1 beginnt. Das Programm gibt daher die Zahlen 0 bis 9 und nicht 1 bis 10 aus. Du kannst dieses Verhalten auch ändern, indem du die Anweisung `range(10)` zu `range(1, 11)` – oder jeder anderen beliebigen Zahl – änderst.

Das Einrücken ist ein wichtiges Element von Python und einer der häufigsten Gründe dafür, dass ein Programm nicht erwartungsgemäß funktioniert. Bei der Fehlersuche in einem Programm, dem sogenannten *Debugging*, solltest du also stets die Einrückungen kontrollieren, insbesondere dann, wenn du Schleifen innerhalb von Schleifen verschachtelst.

Python unterstützt auch *Endlosschleifen*, also Schleifen, die ohne Ende weiterlaufen. Um dein Programm von einer endlichen in eine Endlosschleife zu ändern, änderst du Zeile 2 wie folgt:

```
while True:
```

Wenn du jetzt auf das **Ausführen**-Symbol 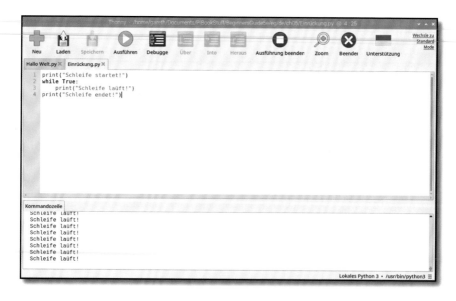 klickst, erhältst du einen Fehler: **name 'i' is not defined**. Das liegt daran, dass du die Zeile gelöscht hast, die einen Wert erstellt und diesen der Variablen **i** zugewiesen hat.

Um Abhilfe zu schaffen, änderst du die Zeile 3 so, dass die Variable nicht mehr verwendet wird:

```
print("Loop running!")
```

Klicke auf das **Ausführen**-Symbol. Wenn du schnell bist, siehst du die Nachricht „**Schleife startet!**", gefolgt von einer nicht enden wollenden Reihe von „**Schleife wird ausgeführt!**" (Abbildung 5-4). Die Meldung „**Schleife endet!**" wird niemals ausgegeben, weil die Schleife endlos ist. Jedes Mal, wenn Python die Meldung „**Schleife wird ausgeführt!**" ausgegeben hat, kehrt es zum Anfang der Schleife zurück und gibt die Meldung erneut aus.

Abbildung 5-4   Eine Endlosschleife läuft so lange, bis du das Programm stoppst.

Klicke auf das **Ausführung beenden**-Symbol in der Thonny-Symbolleiste, um das Programm anzuweisen, die Ausführung zu stoppen. Das wird als *Un-*

terbrechen des Programms bezeichnet. Es erscheint eine Meldung im Bereich der Python-Shell und das Programm wird beendet – und zwar ohne jemals Zeile 4 zu erreichen.

HERAUSFORDERUNG: LASS DIE SCHLEIFE LAUFEN

Kannst du aus der Endlosschleife wieder eine endliche Schleife machen? Kannst du eine zweite endliche Schleife in das Programm einfügen? Wie würdest du eine Schleife innerhalb einer Schleife hinzufügen? Und wie glaubst du, wird das funktionieren?

Bedingungen und Variablen

Wie in allen Programmiersprachen dienen Variablen auch in Python nicht nur dazu, Schleifen zu steuern. Starte ein neues Programm, indem du im Thonny-Menü auf das **Neu**-Symbol ✚ klickst, und gib dann Folgendes in den Skriptbereich ein:

```
userName = input("Wie heißt du? ")
```

Klicke auf das **Speichern**-Symbol 💾, speichere dein Programm als **Testname.py**, klicke auf **Ausführen** ▶ und beobachte, was im Shell-Bereich geschieht. Du solltest einen Prompt sehen, der nach deinem Namen fragt. Gib deinen Namen in den Shell-Bereich ein und drücke dann **ENTER**. Da dies die einzige Anweisung in deinem Programm ist, wird nichts weiter passieren (**Abbildung 5-5**). Um mit den Daten, die du in der Variable abgelegt hast, tatsächlich etwas anzufangen, benötigt das Programm noch weitere Zeilen.

Um das Programm dazu zu bringen, etwas Nützliches mit dem Namen anzufangen, fügst du eine *bedingte Anweisung* hinzu. Gib Folgendes ein:

```
if userName == "Clark Kent":
    print("Du bist Superman!")
else:
    print("Du bist nicht Superman")
```

Denke daran: Wenn Thonny feststellt, dass dein Programm eingerückt werden muss, macht es das automatisch. Aber Thonny weiß nicht, wo die Einrückung enden soll. Du musst also die Leerzeichen von Hand löschen, bevor du **else:** eingibst.

Klicke auf **Ausführen** ▶ und gib deinen Namen in den Shell-Bereich ein. Solange dein Name nicht zufällig Clark Kent ist, bekommst du die Nachricht „Du bist nicht Superman!". Klicke erneut auf **Ausführen** ▶ und gibt diesmal den

Abbildung 5-5   Mit der `input`-Funktion kannst du einen Benutzer zur Eingabe von Text auffordern.

Namen „Clark Kent" ein (exakt wie im Programm, also mit großem C und K). Jetzt erkennt das Programm, dass du tatsächlich Superman bist (**Abbildung 5-6**).

Das `==`-Symbol weist Python an, einen direkten Vergleich durchzuführen, um festzustellen, ob der Wert der Variablen `userName` dem Text – bekannt als *String oder Zeichenfolge* – im Programm entspricht. Bei der Arbeit mit Zahlen gibt es weitere Vergleiche, die man anstellen kann: `>`, um zu ermitteln, ob eine Zahl größer als eine andere ist. `<`, um zu ermitteln, ob sie kleiner ist, `=>`, um zu ermitteln, ob sie gleich oder größer ist und `=<`, um zu ermitteln, ob sie gleich oder kleiner ist. Außerdem gibt es noch `!=`. Das bedeutet „nicht gleich" – und ist das genaue Gegenteil von `==`. Diese Symbole werden in der Fachsprache als *Vergleichsoperatoren* bezeichnet.

VERWENDEN VON = UND ==

Es ist wichtig, den Unterschied zwischen = und == zu verstehen. Merke dir: = steht für „Setze diese Variable gleich diesem Wert", während == für „Prüfe, ob die Variable gleich diesem Wert ist" steht. Wenn du das verwechselst, ist ein Fehler unvermeidlich!

Du kannst Vergleichsoperatoren auch in Schleifen verwenden. Lösche die Zeilen 2 bis 5 und gib stattdessen Folgendes ein:

Abbildung 5-6   Solltest du nicht gerade irgendwo die Welt retten?

```
while userName != "Clark Kent":
    print("Du bist nicht Superman - versuch es nochmals!")
    userName = input ("Wie heißt du? ")
print("Du bist Superman!")
```

Klicke auf das **Ausführen**-Symbol ▶. Dieses Mal wird das Programm nicht aufhören, sondern immer weiter nach deinem Namen fragen, bis es bestätigen kann, dass du tatsächlich Superman bist (**Abbildung 5-7**). Damit hast du im Grunde genommen eine Art sehr einfache Passwortabfrage programmiert. Um aus der Schleife herauszukommen, gibst du entweder „Clark Kent" ein oder klickst auf das **Ausführung beenden**-Symbol ⬛ in der Thonny-Symbolleiste. Herzlichen Glückwunsch! Du weißt jetzt, wie man Bedingungen und Vergleichsoperatoren verwendet.

HERAUSFORDERUNG: WEITERE FRAGEN HINZUFÜGEN

Kannst du das Programm dahingehend ändern, dass es mehrere Fragen stellt und die Antworten in mehreren Variablen ablegt? Kannst du ein Programm erstellen, das Bedingungen und Vergleichsoperatoren verwendet, um zu ermitteln, ob eine vom Benutzer eingegebene Zahl größer oder kleiner als 5 ist, wie schon im Programm, das du in Kapitel 4, *Programmieren mit Scratch 3* geschrieben hast?

Abbildung 5-7   Das Programm fragt so lange nach deinem Namen, bis du „Clark Kent" eingibst.

Projekt 1: Turtle-Schneeflocken

Du verstehst jetzt, wie Python funktioniert. Das heißt, du kannst jetzt mit Grafiken experimentieren und eine Schneeflocke mit einem Tool namens *Turtle* erstellen.

Schildkröten (engl. Turtles) sind Roboter, die wie ihre tierischen Namensvettern geformt sind. Sie können sich in einer geraden Linie bewegen, sich drehen und einen Stift heben und senken. Einfach ausgedrückt: Eine Schildkröte – ob physisch oder digital – beginnt oder hört auf, eine Linie zu zeichnen, während sie sich bewegt. Anders als manche anderen Sprachen, namentlich Logo und seine vielen Varianten, enthält Python kein integriertes Turtle-Tool – aber es wird mit einer *Bibliothek* von Add-On-Code geliefert, die ihm diese Turtle-Fähigkeiten verleiht. Bibliotheken sind Code-Bündel, die Anweisungen enthalten. Diese erweitern die Fähigkeiten von Python und lassen sich in eigene Programme einbauen. Dazu verwendet man einen **import**-Befehl.

Erstelle ein neues Programm, indem du auf das **Neu** -Symbol 🞢 klickst. Gib dann Folgendes ein:

```
import turtle
```

Wenn du Anweisungen aus einer Bibliothek verwendest, musst du den Namen der Bibliothek, gefolgt von einem Punkt und vom Namen der Anweisung eingeben. Dies jedes Mal eingeben zu müssen, kann nervig sein. Deshalb besteht die Möglichkeit, eine Anweisung mit einem kurzen Nameneiner Variablen zuzuweisen. Dieser Name könnte ein einzelner Buchstabe sein. Aber wir haben uns den Kosenamen Pat für die Schildkröte ausgedacht. Gib Folgendes ein:

```
pat = turtle.Turtle()
```

Um das Programm zu testen, gibst du der Schildkröte eine Anweisung. Gib ein:

```
pat.forward(100)
```

Klicke auf das **Speichern**-Symbol 💾, speichere dein Programm unter **Schildkröten-Schneeflocken.py** und klicke dann auf das **Ausführen**-Symbol ⏵. Daraufhin erscheint ein neues Fenster mit dem Namen „Turtle Graphics", das das Ergebnis deines Programms zeigt. Deine Schildkröte Pat bewegt sich 100 Einheiten vorwärts und zeichnet dabei eine gerade Linie (**Abbildung 5-8**).

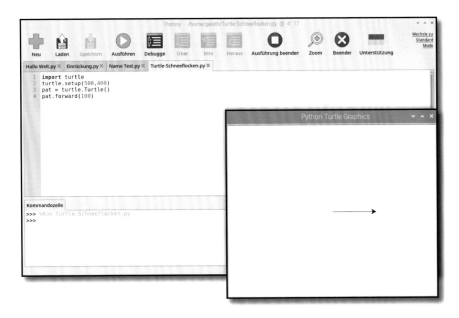

Abbildung 5-8   Die Schildkröte bewegt sich vorwärts und zeichnet dabei eine gerade Linie.

Wechsle zurück ins Thonny-Hauptfenster. Sollte es hinter dem Turtle-Graphics-Fenster verborgen sein, klickst du entweder auf den Button „Minimieren" im „Python Turtle Graphics"-Fenster oder auf den Thonny-Eintrag in der Taskleiste am oberen Bildschirmrand. Wenn du das Thonny-Fenster in den

Vordergrund gerückt hast, klickst du auf **Ausführung beenden** ⬤ , um das Turtle Graphics-Fenster zu schließen.

Es wäre mühsam, jede einzelne Bewegungsanweisung für eine komplexere Zeichnung manuell einzugeben. Lösche also Zeile 3 und erstelle eine Schleife, die Formen zeichnet:

```
for i in range(2):
    pat.forward(100)
    pat.right(60)
    pat.forward(100)
    pat.right(120)
```

Führe das Programm aus, und Pat zeichnet ein einzelnes Parallelogramm (**Abbildung 5-9**).

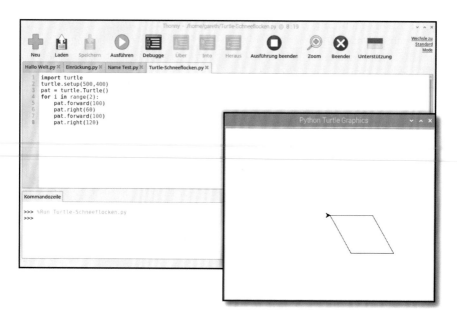

Abbildung 5-9   Durch die Kombination aus Drehungen und Bewegungen lassen sich Formen zeichnen

Um diesem eine Schneeflocken-Form zu verleihen, klickst du auf **Ausführung beenden** ⬤ im Thonny-Hauptfenster und erstellst eine Schleife um deine Schleife herum. Dazu gibst du die folgende Zeile als Zeile 3 ein:

```
for i in range(10):
```

... und fügst Folgendes an das Ende des Programms an:

```
pat.right(36)
```

In dieser Form wird dein Programm nicht laufen, da die darin enthaltene Schleife nicht korrekt eingerückt wurde. Um dies zu korrigieren, klickst auf den Anfang jeder Zeile der Schleife – Zeilen 4 bis 8 – und drückst die **LEERTASTE** viermal für die richtige Einrückung. Dein Programm sollte jetzt so aussehen:

```
import turtle
pat = turtle.Turtle()
for i in range(10):
    for i in range(2):
        pat.forward(100)
        pat.right(60)
        pat.forward(100)
        pat.right(120)
    pat.right(36)
```

Klicke auf das Symbol **Ausführen** ⏵ und achte auf die Schildkröte. Sie zeichnet ein Parallelogramm wie zuvor. Sobald sie jedoch damit fertig ist, dreht sie sich um 36 Grad und zeichnet ein weiteres, dann noch ein weiteres und so weiter – bis zehn einander überlappende Parallelogramme auf dem Bildschirm erscheinen, die ein wenig an eine Schneeflocke erinnern (**Abbildung 5-10**).

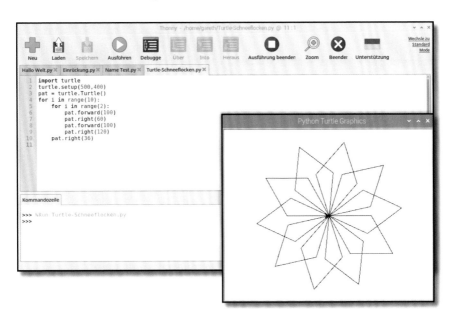

Abbildung 5-10   Die Form wird wiederholt, um eine komplexere Form zu erhalten

Während eine Roboterschildkröte in einer einzigen Farbe auf ein großes Stück Papier zeichnet, kann die simulierte Python-Schildkröte eine ganze Reihe von Farben verwenden. Füge Folgendes als neue Zeilen 3 und 4 hinzu, sodass die vorhandenen Zeilen nach unten geschoben werden.

```
turtle.Screen().bgcolor("blue")
pat.color("cyan")
```

Führe das Programm erneut aus. Du siehst, was der neue Code bewirkt hat: Die Hintergrundfarbe des Turtle-Grafik-Fensters ist jetzt blau und die Schneeflocke hat die Farbe Cyan angenommen (**Abbildung 5-11**).

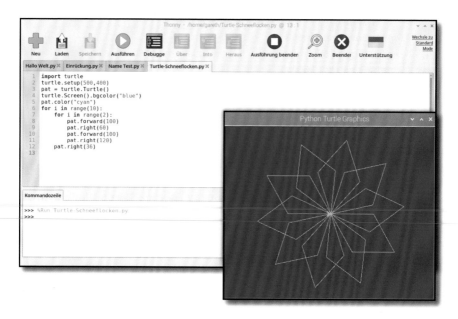

Abbildung 5-11   Ändern der Hintergrund- und Schneeflockenfarben

Du kannst die Farben auch zufällig aus einer Liste auswählen, indem du die Bibliothek **random** benutzt. Gehe wieder zum Anfang des Programms und füge Folgendes als Zeile 2 ein:

```
import random
```

Ändere die Hintergrundfarbe in der jetzigen Zeile 4 von „blue" in „grey" und erstelle anschließend eine neue Variable **colours** als Zeile 5:

```
colours = ["cyan", "purple", "white", "blue"]
```

Diese Art von Variable wird als *Liste* bezeichnet und durch eckige Klammern kenntlich gemacht. In diesem Fall ist die Liste mit möglichen Farben für die Schneeflockensegmente gefüllt. Du musst Python jetzt noch anweisen, bei jedem Schleifendurchlauf eine Farbe zu wählen. Gib ganz am Ende des Programms Folgendes ein und achte darauf, dass die Eingabe mit vier Leerzeichen eingerückt ist, sodass sie Teil der äußeren Schleife ist, genau wie die Zeile darüber:

```
pat.color(random.choice(colours))
```

US-AMERIKANISCHE RECHTSCHREIBUNG

Viele Programmiersprachen verwenden die amerikanische Rechtschreibung und Python ist da keine Ausnahme. Der Befehl zum Ändern der Farbe des Schildkrötenstifts wird demnach **color** geschrieben. Wenn du stattdessen die britische Schreibweise (**colour**) verwendest, wird das Wort nicht erkannt. Variablen hingegen dürfen beliebig geschrieben werden. Du kannst also deine neue Variable auch **colours** nennen und Python wird es verstehen.

Klicke auf das **Ausführen**-Symbol ▶ und der Schneeflocken-Ninja-Stern wird erneut gezeichnet. Dieses Mal wählt Python jedoch beim Zeichnen jedes Elements eine zufällige Farbe aus deiner Liste aus. Die Schneeflocke erhält damit ein attraktives, mehrfarbiges Aussehen (**Abbildung 5-12**).

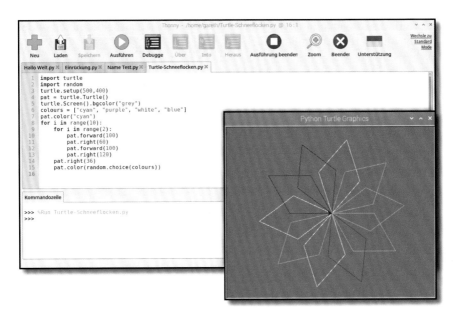

Abbildung 5-12   Verwendung von zufälligen Farben für die einzelnen „Blätter"

Damit die Schneeflocke nicht wie ein Ninja-Stern, sondern wie eine echte Schneeflocke aussieht, fügst du eine neue Zeile 6 direkt unter deiner **colours**-Liste hinzu und gibst Folgendes ein:

```
pat.penup()
pat.forward(90)
pat.left(45)
pat.pendown()
```

Die Anweisungen **penup** und **pendown** würden einen Schildkrötenroboter dazu veranlassen, den Stift anzuheben und dann wieder auf das Papier abzusenken. In der virtuellen Welt jedoch befiehlst du der Schildkröte damit einfach, mit dem Zeichnen von Linien aufzuhören oder wieder anzufangen. Anstatt einer Schleife wirst du dieses Mal eine *Funktion* kreieren – ein Codesegment, das du jederzeit aufrufen kannst. Du schreibst also deine eigene Anweisung in Python.

Beginne damit, den Code zum Zeichnen der parallelogrammförmigen Schneeflocken zu löschen. Das sind alle Zeilen zwischen und einschließlich der Anweisung **pat.color("cyan")** in Zeile 10 bis **pat.right(36)** in Zeile 17. Lasse die Anweisung **pat.color(random.choice(colours))** stehen, aber füge am Zeilenanfang ein Hash-Symbol (**#**) ein. Dies bezeichnet man als das *Auskommentieren* einer Anweisung. Es bewirkt, dass Python die Anweisung ignoriert. Du kannst Kommentare verwenden, um den Codezeilen Erläuterungen hinzuzufügen. Auf diese Weise bleiben diese leichter verständlich – für den Fall, dass du nach einigen Monaten wieder darauf zurückkommen willst oder sie an Dritte weitergeben möchtest.

Erstelle deine Funktion, die wir **branch** nennen wollen. Gib dazu die folgende Anweisung in Zeile 10 unterhalb von **pat.pendown()** ein:

```
def branch():
```

Sie *definiert* deine Funktion, indem du ihr den Namen gibst, **branch**. Wenn du **ENTER** drückst, fügt Thonny automatisch eine Einrückung für die Anweisungen der Funktion ein. Gib Folgendes ein und achte dabei genau auf die Einrückung, weil du in diesem Programm bis zu drei Verschachtelungsebenen einbauen wirst!

```
for i in range(3):
    for i in range(3):
        pat.forward(30)
        pat.backward(30)
        pat.right(45)
    pat.left(90)
```

```
        pat.backward(30)
        pat.left(45)
    pat.right(90)
    pat.forward(90)
```

Erstelle zuletzt eine neue Schleife am Ende des Programms, jedoch oberhalb der auskommentierten **color**-Zeile, um die neue Funktion auszuführen bzw. (*aufzurufen*):

```
for i in range(8):
    branch()
    pat.left(45)
```

Dein fertiges Programm sollte so aussehen:

```
import turtle
import random

pat = turtle.Turtle()
turtle.Screen().bgcolor("grey")
colours = ["cyan", "purple", "white", "blue"]

pat.penup()
pat.forward(90)
pat.left(45)
pat.pendown()

def branch():
    for i in range(3):
        for i in range(3):
            pat.forward(30)
            pat.backward(30)
            pat.right(45)
        pat.left(90)
        pat.backward(30)
        pat.left(45)
    pat.right(90)
    pat.forward(90)

for i in range(8):
    branch()
    pat.left(45)
#    pat.color(random.choice(colours))
```

Klicke auf **Ausführen** im Menü und beobachte das Fenster, in dem Pat nach deinen Anweisungen zeichnet. Herzlichen Glückwunsch! Deine Schneeflocke sieht jetzt wirklich wie eine Schneeflocke aus (**Abbildung 5-13**).

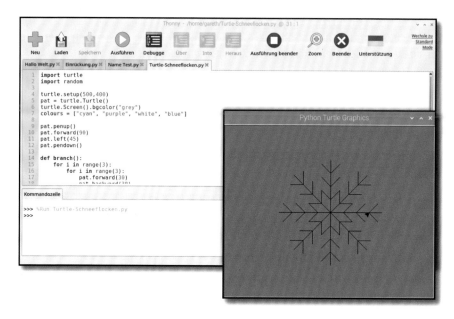

Abbildung 5-13 Zusätzliche Zweige (engl. branch) machen daraus eine Schneeflocke.

HERAUSFORDERUNG: WAS FOLGT ALS NÄCHSTES?

Kannst du deine auskommentierten Anweisung verwenden, um die Elemente der Schneeflocke in verschiedenen Farben zeichnen zu lassen? Kannst du eine „Schnee-flocken"-Funktion erstellen und damit eine ganze Menge Schneeflocken auf dem Bild-schirm zeichnen? Kannst du mit deinem Programm die Größe und Farbe der Schneeflocken nach dem Zufallsprinzip variieren?

Projekt 2: Das unheimliche Vexier-Suchbild

Python kann nicht nur auf Schildkröten basierende Grafiken, sondern auch Bilder und Klänge verarbeiten, die sich für einen Streich für deine Freunde eignen – ein Spiel, bei dem Unterschiede gesucht werden müssen, mit einem gruseligen Clou, perfekt für Halloween!

Dieses Projekt benötigt zwei Bilder – dein Suchbild sowie ein „gruseliges" Überraschungsbild und dazu eine Sound-Datei. Klicke auf das Raspberry Pi-Symbol, um das Raspberry Pi-Menü zu öffnen, wähle die Kategorie **Internet** und klicke auf **Chromium-Webbrowser**. Sobald er geöffnet ist, gibst du rptl.io/spot-pic in die Adressleiste ein, gefolgt von **ENTER**. Rechtsklicke auf das Bild und anschließend auf **Bild speichern unter**, wähle den **Persönlicher Ordner** aus der Liste auf der linken Seite und klicke dann auf **Speichern**. Gehe zurück zur Adressleiste von Chromium und gib **rptl.io/scary-pic** ein, gefolgt von **ENTER**. Wie zuvor klickst du mit der rechten Maustaste auf das Bild, dann auf **Bild speichern unter**, wählst den **Persönlicher Ordner** und klickst dann auf **Speichern**.

Um die Sound-Datei zu holen, klickst du erneut in die Adressleiste und gibst **rptl.io/scream** ein, gefolgt von **ENTER**. Diese Datei – der Klang eines Schreis, der dem Spieler eine echte Gänsehaut über den Rücken jagen soll – wird automatisch heruntergeladen. Sie muss in den **Persönlicher Ordner** verschoben werden, bevor du sie benutzen kannst. Klicke mit der rechten Maustaste auf den **en_images_....wav**-Block unten links im Fenster von Chromium und dann auf **In Ordner anzeigen**. Rechtsklicke im Fenster des Dateimanagers, das jetzt angezeigt wird, auf die Datei **scream.wav** und dann auf **Ausschneiden**. Schließlich klickst du auf **Benutzerverzeichnis** oben links im Dateimanager, klickst mit der rechten Maustaste in ein beliebiges leeres Feld im großen Fenster auf der rechten Seite und klickst dann auf **Einfügen**. Du kannst jetzt das Chromium- und das Dateimanager-Fenster schließen.

Klicke auf das **Neu**-Symbol ➕ in der Thonny-Symbolleiste, um ein neues Projekt zu starten. Wie zuvor wirst du eine Bibliothek verwenden, um die Möglichkeiten von Python zu erweitern. Diesmal ist es die Bibliothek **pygame**, die, wie der Name schon sagt, mit Blick auf Spiele entwickelt wurde. Gib Folgendes ein:

```
import pygame
```

Du brauchst außerdem einige Teile aus anderen Bibliotheken und auch aus einem Unterabschnitt der Pygame-Bibliothek. Schreibe folgenden Code:

```
from pygame.locals import *
from time import sleep
from random import randrange
```

Die Anweisung **from** funktioniert anders als die Anweisung **import**. Sie erlaubt es, nur die benötigten Bestandteile einer Bibliothek zu importieren, statt die Bibliothek vollständig einzulesen. Als Nächstes muss Pygame *initialisiert* werden. Pygame muss die Breite und Höhe des Bildschirms kennen – also seine *Auflösung*. Gib Folgendes ein:

```
pygame.init()
width = pygame.display.Info().current_w
height = pygame.display.Info().current_h
```

Der letzte Einrichtungsschritt ist die Erstellung des Fensters, das Pygame als „screen" (Bildschirm) bezeichnet. Schreibe Folgendes:

```
screen = pygame.display.set_mode((width, height))
pygame.display.update()
# Schreib hier dein Programm
pygame.quit()
```

Achte auf die Leerzeile in der Mitte – das ist der Platz, an dem später dein Programm eingefügt wird. Klicke auf das **Speichern**-Symbol 💾, speichere dein Programm als **Finde die Unterschiede.py**, klicke dann auf das **Ausführen**-Symbol ▶ und schau genau hin, was vor sich geht. Pygame erstellt ein Fenster, füllt es mit einem schwarzen Hintergrund und schließt das Fenster praktisch sofort, wenn es die Anweisung zum Beenden erreicht. Abgesehen von einer kurzen Nachricht in der Shell (**Abbildung 5-14**), hat das Programm bisher noch nicht viel bewirkt.

Abbildung 5-14   Dein Programm ist funktionsfähig, leistet aber noch nicht viel.

Um dein Suchbild anzuzeigen, löschst du den Kommentar über `pygame.quit()` und gibst Folgendes in die Lücke ein:

```
difference = pygame.image.load('spot_the_diff.png')
```

Damit das Bild auch wirklich den Bildschirm ausfüllt, musst du es entsprechend deiner Auflösung skalieren. Gib Folgendes ein:

```
difference = pygame.transform.scale(difference, (width, height))
```

Nachdem sich das Bild jetzt im Speicher befindet, musst du Pygame anweisen, es auf dem Bildschirm anzuzeigen – ein Vorgang, der als *Blitting* oder *Bit Block Transfer* bezeichnet wird. Gib Folgendes ein:

```
screen.blit(difference, (0, 0))
pygame.display.update()
```

Die erste dieser Zeilen kopiert das Bild auf den Bildschirm, beginnend in der linken oberen Ecke. Die zweite Zeile weist Pygame an, den Bildschirm neu zu zeichnen. Ohne diese zweite Zeile wird das Bild zwar an der richtigen Stelle im Speicher abgelegt, aber man würde es nie zu sehen bekommen!

Klicke auf das **Ausführen**-Symbol ▶ und das Bild in **Abbildung** 5-15 erscheint kurz auf dem Bildschirm.

Abbildung 5-15   Dein Suchbild

Damit das Bild länger auf dem Bildschirm verweilt, fügst du die folgende Zeile direkt über **pygame.quit()** ein:

```
sleep(3)
```

Klicke erneut auf das **Ausführen**-Symbol ▶, damit das Bild länger auf dem Bildschirm bleibt. Das Überraschungsbild fügst du hinzu, indem du direkt unter der Zeile **pygame.display.update()** Folgendes eingibst:

```
zombie = pygame.image.load('scary_face.png')
zombie = pygame.transform.scale(zombie, (width, height))
```

Füge eine Verzögerung hinzu, damit das Zombie-Bild nicht sofort erscheint:

```
sleep(3)
```

Blitte das Bild nun auf den Bildschirm und aktualisiere es, damit der Spieler es zu sehen bekommt:

```
screen.blit(zombie, (0,0))
pygame.display.update()
```

Klicke auf das **Ausführen**-Symbol ▶ und passe auf, was passiert. Pygame lädt dein Suchbild, allerdings wird es nach drei Sekunden durch den gruseligen Zombie ersetzt (**Abbildung 5-16**)!

Abbildung 5-16   Damit kannst du jemanden ganz schön erschrecken!

Wenn man die Verzögerung auf drei Sekunden festlegt, wird die Sache allerdings ziemlich vorhersehbar. Ändere die Zeile **sleep(3)** über **screen.blit(zombie, (0,0))** in:

```
sleep(randrange(5, 15))
```

Auf diese Weise wird eine Zufallszahl zwischen 5 und 15 als Verzögerung gewählt. Füge dann folgende Zeile direkt über der Anweisung **sleep** hinzu, um die Sound- Datei mit dem Schrei zu laden:

```
scream = pygame.mixer.Sound('scream.wav')
```

Gib Folgendes in eine neue Zeile nach deiner „sleep"-Anweisung ein, damit die Sound-Datei abgespielt wird. Sie sollte kurz vor dem Gruselbild, das dem Spieler gezeigt wird, aktiviert werden:

```
scream.play()
```

Abschließend weist du Pygame an, die Wiedergabe des Sounds zu beenden, indem du folgende Zeile direkt oberhalb von **pygame.quit()** eingibst:

```
scream.stop()
```

Klicke auf das **Ausführen**-Symbol ▶ und bewundere deine Arbeit: Nachdem ein paar Sekunden lang das harmlose Suchbild angezeigt wird, in dem man nach Unterschieden suchen soll, erscheint plötzlich der Zombie, begleitet von einem entsetzlichen Schrei. Damit jagst du deinen Freunden sicher einen gehörigen Schrecken ein! Wenn du feststellst, dass das Zombie-Bild bereits erscheint, bevor der Klang abgespielt wird, kannst du das korrigieren, indem du eine kleine Verzögerung direkt nach der Anweisung **scream.play()** und vor der Anweisung **screen.blit** einfügst:

```
sleep(0.4)
```

Dein fertiges Programm sollte so aussehen:

```
import pygame
from pygame.locals import *
from time import sleep
from random import randrange

pygame.init()
width = pygame.display.Info().current_w
height = pygame.display.Info().current_h
screen = pygame.display.set_mode((width, height))
pygame.display.update()

difference = pygame.image.load('spot_the_diff.png')
difference = pygame.transform.scale(difference, (width, height))
screen.blit(difference, (0, 0))
pygame.display.update()

zombie = pygame.image.load('scary_face.png')
zombie = pygame.transform.scale (zombie, (width, height))
scream = pygame.mixer.Sound('scream.wav')
sleep(randrange(5, 15))
scream.play()
```

```
screen.blit(zombie, (0,0))
pygame.display.update()

sleep(3)
scream.stop()
pygame.quit()
```

Jetzt musst du nur noch Freunde einladen, die in dem Suchbild einen Unterschied finden sollen – und natürlich darfst du nicht vergessen, zuvor die Lautsprecher anzumachen!

HERAUSFORDERUNG: DAS AUSSEHEN ÄNDERN

Kannst du die Bilder ändern, um diesen Streich an andere Ereignisse wie Weihnachten anzupassen? Kannst du eigene Such- und Gruselbilder zeichnen (mit einem Bildbearbeitungsprogramm wie beispielsweise GIMP)? Kannst du nachverfolgen, wie der Benutzer auf einen Unterschied klickt, um das Spiel noch überzeugender zu machen?

Projekt 3: Text-Abenteuer

Da du jetzt den Dreh bei Python heraus hast, können wir mit Pygame etwas Komplexeres entwickeln – ein voll funktionsfähiges, textbasiertes Labyrinthspiel zum Beispiel, das auf klassischen Rollenspielen basiert. Diese Spiele, die auch als Text-Abenteuer oder interaktive Fiktion bekannt sind, stammen aus einer Zeit, in der Computer noch keine Grafiken verarbeiten konnten. Auch heute gibt es immer noch Fans, die davon überzeugt sind, dass keine Grafik je mit der eigenen Fantasie mithalten kann!

Dieses Programm ist ein ganzes Stück komplexer als die anderen in diesem Kapitel. Um die Sache zu vereinfachen, fangen wir mit einer Version an, die zum Teil schon geschrieben ist. Öffne den Chromium-Webbrowser und gehe zu **rptl.io/text-adventure**.

Chromium lädt den Code für das Programm in den Browser. Rechtsklicke auf die Browserseite, wähle **Speichern unter** und speichere die Datei unter **text-adventure.py** in deinem Downloads-Ordner. Möglicherweise erhältst du eine Warnung, dass diese Art von Datei – ein Python-Programm – deinem Computer Schaden zufügen könnte. Aber du hast die Datei von einer vertrauenswürdigen Quelle heruntergeladen, also klickst du auf den **Behalten**-Button, wenn die Nachricht unten auf dem Bildschirm erscheint. Gehe zurück zu Thonny und klicke dann auf das **Laden**-Symbol 📁. Suche die Datei, **text-adventure.py**, in deinem **Downloads** -Ordner und klicke auf den Button **Laden**.

Klicke zunächst auf das **Ausführen**-Symbol ⊙, um zu sehen, wie ein Textadventure funktioniert. Die Ausgabe des Spiels wird im Shell-Bereich im unteren Teil des Thonny-Fensters angezeigt. Bei Bedarf kannst du das Fenster durch einen Klick auf den Button „Maximieren" vergrößern, damit der Text leichter lesbar ist.

In seiner derzeitigen Form ist das Spiel sehr einfach. Es gibt zwei Räume und keinerlei Objekte. Der Spieler startet in der **Diele**, dem ersten der beiden Räume. Um in die **Küche** zu gelangen, gibst du ein: „**gehenach süden**", gefolgt von ENTER (Abbildung 5-17). Wenn du dich in der **Küche** befindest, kannst du „**gehenach norden**" eingeben, um in die **Diele** zurückzukehren. Du kannst auch „**gehenach westen**" und „**gehenach osten**" eingeben, doch da es in diesen Richtungen keine Räume gibt, reagiert das Spiel mit einer Fehlermeldung.

Abbildung 5-17   Es gibt bisher nur zwei Räume

Klicke auf das **Ausführung beenden**-Symbol ⊙, um das Programm anzuhalten, scrolle dann nach unten bis zu Zeile 30 im Skriptbereich und suche dort die Variable namens **rooms**. Dieser Variablentyp ist bekannt als *Wörterbuch (dictionary)* und informiert das Spiel über die Räume, deren Ausgänge und in welchen Raum ein Ausgang führt.

Um das Spiel interessanter zu machen, fügen wir einen weiteren Raum hinzu – ein **Speisezimmer** östlich der **Diele**.

Suche die Variable **rooms** im Skriptbereich und erweitere sie durch Hinzufügen eines Kommas (**,**) nach dem Symbol **}** auf Zeile 38. Danach gibst du ein:

```
'Speisezimmer' : {
    'westen' : 'Diele'
}
```

Du brauchst auch einen neuen Ausgang in der **Diele**, da ein solcher nicht automatisch eingerichtet wird. Gehe also ans Ende von Zeile 33 und füge ein Komma und dann folgende Zeile hinzu:

```
'osten' : 'Speisezimmer'
```

Klicke auf das **Ausführen**-Symbol ⬤ und besuche deinen neuen Raum. Schreibe „**gehenach osten**", während du in der **Diele** bist, um das **Speisezimmer** (Abbildung 5-18) zu betreten und „**gehenach westen**" im **Speisezimmer**, um in die **Diele** zurückzukehren. Herzlichen Glückwunsch! Du hast gerade deinen eigenen Raum erstellt.

Abbildung 5-18   Du hast einen weiteren Raum hinzugefügt

Leere Räume sind aber ein bisschen langweilig. Um einem Raum einen Gegenstand hinzuzufügen, musst du sein Wörterbuch ändern. Klicke auf das **Ausführung beenden**-Symbol ⬤. Finde das **Diele**-Wörterbuch im Skriptbereich, füge ein Komma am Ende der Zeile **'east' : 'Speisezimmer'** hinzu, drücke **ENTER** und gib dann diese Zeile ein:

```
'Gegenstand' : 'Schlüssel'
```

Klicke erneut auf das **Ausführen**-Symbol ⬤. Das Spiel meldet, dass du den neuen Gegenstand sehen kannst: einen Schlüssel. Gib „`nimm Schlüssel`" (**Abbildung 5-19**) ein, um ihn aufzuheben und ihn der Liste der Gegenstände hinzuzufügen, die du mit dir herumträgst (dein *Inventar*). Dein Inventar hast du stets dabei, wenn du durch die einzelnen Räume gehst.

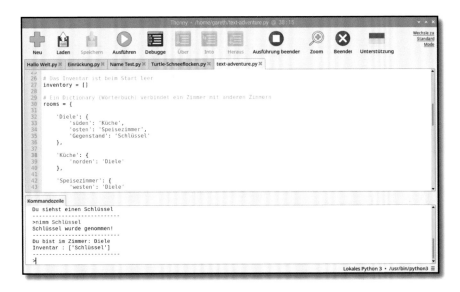

Abbildung 5-19   Der aufgehobene Schlüssel wird deinem Inventar hinzugefügt

Klicke auf das **Ausführung beenden**-Symbol ⬤ und mache das Spiel noch interessanter, indem du ihm ein gefährliches Monster hinzufügst. Suche nach dem Wörterbucheintrag **Küche** und füge einen „`Monster`" – Gegenstand in der gleichen Weise wie vorher „`Schlüssel`" ein. Vergiss nicht, der Zeile darüber ein Komma hinzuzufügen:

```
'Gegenstand' : 'Monster'
```

Jetzt musst du etwas Logik hinzufügen, damit das Monster den Spieler angreifen kann. Dazu scrollst du bis ans Ende des Programms und fügst die folgenden Zeilen ein – einschließlich des Kommentars, der mit einem Hash gekennzeichnet ist. Dies hilft dir, das Programm zu verstehen, wenn du zu einem späteren Zeitpunkt darauf zurückkommst. Achte darauf, die Zeilen einzurücken und alles zwischen **if** und dem Doppelpunkt (**:**) in eine Zeile zu schreiben:

```
# Der Spieler verliert, wenn im Zimmer ein Monster ist
if 'Gegenstand' in rooms[currentRoom]
    and 'Monster' in rooms[currentRoom]['Gegenstand']:
    print('Ein Monster hat dich erwischt... SPIEL AUS!')
    break
```

Klicke auf das **Ausführen**-Symbol ⏵ und versuche, in die Küche zu gehen (**Abbildung 5-20**) – das Monster wird davon nicht begeistert sein.

Abbildung 5-20   Vergiss Ratten – da ist ein Monster in der Küche!

Um aus diesem Abenteuer ein richtiges Spiel zu machen, brauchst du noch weitere Gegenstände, einen zusätzlichen Raum und die Fähigkeit zu „gewinnen", nämlich indem du alle Gegenstände in dein Inventar packst und dann das Haus verlässt. Beginne damit, einen weiteren Raum hinzuzufügen, wie zuvor bei dem **Speisezimmer** – nur ist es diesmal ein **Garten**. Füge aus dem **Speisezimmer**-Wörterbuch einen Ausgang hinzu, wobei du nicht vergessen darfst, der Zeile darüber ein Komma hinzuzufügen:

```
'süden' : 'Garten'
```

Füge den neuen Raum jetzt dem **rooms**-Hauptwörterbuch hinzu. Auch hier musst du der Zeile darüber nach dem **}** ein Komma hinzufügen:

```
'Garten' : {
    'norden' : 'Speisezimmer'
}
```

Füge dem **Speisezimmer**-Wörterbuch den Gegenstand „potion" (Zaubertrank) hinzu, und vergiss auch diesmal nicht, der Zeile davor ein Komma hinzuzufügen:

```
'Gegenstand' : 'Zaubertrank'
```

Scrolle nun zum Ende des Programms und füge die Logik hinzu, die erforderlich ist, um zu prüfen, ob der Spieler alle Gegenstände hat. Wenn ja, wird gemeldet, dass er das Spiel gewonnen hat (rücke die Zeilen ein und schreibe alles zwischen **if** und dem Doppelpunkt (**:**) in eine Zeile):

```
# Mit Schlüssel und Zaubertrank entkommen, um zu gewinnen
if currentRoom == 'Garten' and 'Schlüssel' in inventory
        and 'Zaubertrank' in inventory:
    print('Du hast das Haus verlassen... DU GEWINNST!')
    break
```

Klicke auf das **Ausführen**-Symbol und versuche, das Spiel zu beenden, indem du den Schlüssel und den Trank an dich nimmst, bevor du in den Garten gehst. Denke daran, die **Küche** nicht zu betreten, da dort das Monster lauert!

Um das Ganze abzurufen, fügt du schließlich noch eine kurze Spielanleitung hinzu. Scrolle im Programm nach oben – dorthin, wo die Funktion **showInstructions()** definiert ist – und füge Folgendes hinzu:

```
Erreiche den Garten mit einem Schlüssel und Zaubertrank
Geh den Monstern aus dem Weg!
```

Spiele das Spiel noch ein letztes Mal und sieh, wie die neuen Instruktionen gleich zu Anfang angezeigt werden. Herzlichen Glückwunsch! Du hast ein interaktives, textbasiertes Labyrinth-Spiel entwickelt.

HERAUSFORDERUNG: DAS SPIEL ERWEITERN

Kannst du weitere Räume hinzufügen, damit das Spiel länger dauert? Kannst du einen Gegenstand hinzufügen, der dabei hilft, sich vor dem Monster zu schützen? Wie würdest du eine Waffe hinzufügen, um das Monster außer Gefecht zu setzen? Kannst du Räume über und unter den bestehenden einfügen, die über Treppen zugänglich sind?

Kapitel 6

Physical Computing mit Scratch und Python

Die Welt des Programmierens geht natürlich über interaktive Anwendungen am Computerbildschirm hinaus – du kannst auch elektronische Bauteile steuern, die mit den GPIO-Stiften deines Raspberry Pi verbunden sind.

Wenn von „Programmieren" oder „Coden" die Rede ist, denkt man meist an Software. Programmieren kann jedoch mehr sein als nur Software zu schreiben. Man kann die reale Welt durch Steuerung von Hardware beeinflussen. Das ist mit *Physical Computing* gemeint.

Wie der Name vermuten lässt, geht es beim Physical Computing darum, Dinge in der realen (physischen) Welt über Programme zu steuern – Hardware und Software. Jedes Mal, wenn du das Programm an einer Waschmaschine einstellst, die Temperatur an einem Thermostat änderst oder den Knopf an einer Ampel drückst, verwendest du Physical Computing.

Der Raspberry Pi ist ein großartiges Gerät zum Erlernen von Physical Computing. Das liegt an einem seiner wichtigsten Merkmale: der Allzweckeingabe-/ausgabe-Stiftleiste (*General-Purpose-Input/Output oder GPIO-Stiftleiste*).

Einführung in die GPIO-Stiftleiste

An der oberen Kante der Leiterplatte des Raspberry Pi, bzw. an der Rückseite des Raspberry Pi 400 befinden sich zwei Reihen von Pins aus Metall. Das ist die GPIO-Stiftleiste. Sie dient dazu, Hardware wie LEDs (Leuchtdioden) und Schalter an den Raspberry Pi anzuschließen und sie mit selbst geschriebenen

Programmen zu steuern. Die Stifte (Pins) können sowohl als Eingang, als auch als Ausgang verwendet werden.

Die GPIO-Stiftleiste des Raspberry Pi besteht aus 40 Steckerstiften, wie gezeigt in **Abbildung 6-1**. Einige davon stehen dir für die Verwendung in deinen Physical Computing-Projekten zur Verfügung, andere liefern Strom und wieder andere sind für die Kommunikation mit Zusatzhardware wie dem Sense HAT reserviert (siehe Kapitel 7, *Physical Computing mit dem Sense HAT*).

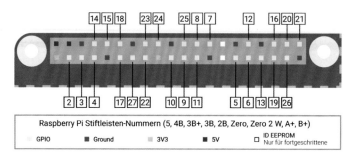

Abbildung 6-1 Raspberry Pi GPIO Pinbelegung

Der Raspberry Pi 400 hat die gleiche GPIO-Stiftleiste mit den gleichen Pins, aber sie ist im Vergleich zu anderen Raspberry Pi-Modellen auf den Kopf gestellt. **Abbildung 6-2** geht davon aus, dass du die GPIO-Stiftleiste von der Rückseite des Raspberry Pi 400 aus betrachtest. Überprüfe die Verdrahtung immer zwei Mal, wenn du etwas an die GPIO-Stiftleiste des Raspberry Pi 400 anschließt. Man vergisst es leicht, trotz der „Pin 40"- und „Pin 1"-Beschriftungen auf dem Gehäuse!

GPIO-ERWEITERUNGEN

Die GPIO-Stiftleiste des Raspberry Pi 400 kann so verwendet werden, wie sie ist, aber eine Erweiterung macht es etwas einfacher. Mit einer Erweiterung werden die Stifte seitlich an den Raspberry Pi 400 herangeführt, sodass du deine Verdrahtung überprüfen und anpassen kannst, ohne immer wieder hinten herum gehen zu müssen. Zu den kompatiblen Erweiterungen gehören die Black HAT Hack3r-Reihe von **pimoroni.com** und der Pi T-Cobbler Plus von **adafruit.com**.

Überprüfe immer, wie gekaufte Erweiterungen verdrahtet sind. Manche – wie die Pi T-Cobbler Plus – haben ein anderes Layout der Stifte. Halte dich im Zweifelsfall immer an die Anweisungen des Herstellers und nicht an die in diesem Buch gezeigten Pin-Diagramme.

Der Raspberry Pi Zero 2 W verfügt ebenfalls über eine GPIO-Stiftleiste, aber ohne montierte Pins. Wenn du also Physical Computing mit dem Raspberry Pi Zero 2 W oder einem anderen Modell der Raspberry Pi Zero Familie machen willst, musst du die Pins mit einem Lötkolben *einlöten*. Wenn dir das im Moment zu gewagt erscheint, fragst du bei einem zugelassenen Raspberry Pi-Händler nach einem Raspberry Pi Zero 2 WH, bei dem die Pins bereits angelötet sind.

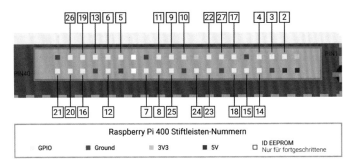

Abbildung 6-2   Raspberry Pi GPIO Pinbelegung

Es gibt mehrere Kategorien von Stifttypen, jede mit einer bestimmten Funktion:

3V3	3,3 Volt Strom	Eine ständig eingeschaltete 3,3-V-Stromquelle mit derselben Spannung, mit der der Raspberry Pi intern läuft
5V5	5 Volt Strom	Eine ständig eingeschaltete 5-V-Stromquelle mit derselben Spannung, die der Raspberry Pi am USB-C-Stromanschluss aufnimmt
Masse (GND)	0 Volt Masse	Eine Masseverbindung, die zur Vervollständigung eines an die Stromquelle angeschlossenen Stromkreises verwendet wird
GPIO XX	Allzweck-Eingangs- / Ausgangs-Stiftnummer XX	Die für deine Programme verfügbaren GPIO-Stifte, gekennzeichnet durch eine Zahl von 2 bis 27
ID EEPROM	Reservierte Stifte für besondere Zwecke	Reservierte Stifte für die Verwendung mit „Hardware Attached on Top" (HAT) und anderem Zubehör

WARNHINWEIS!

Die GPIO-Stiftleiste des Raspberry Pi ist eine unterhaltsame und sichere Art, mit Physical Computing zu experimentieren. Dennoch ist im Umgang mit ihr Vorsicht geboten. Achte darauf, die Stifte beim Anschließen und Demontieren von Hardware nicht zu verbiegen. Verbinde niemals zwei Pins direkt miteinander, weder versehentlich noch absichtlich – es sei denn, dies wird in den Projektanweisungen ausdrücklich so angegeben. Eine direkte Verbindung erzeugt einen *Kurzschluss*. Je nach den dabei involvierten Stiften kann dies deinen Raspberry Pi dauerhaft beschädigen.

Elektronische Bauteile

Die GPIO-Stiftleiste ist nur ein Teil dessen, was du für den Einstieg in das Physical Computing benötigst. Darüber hinaus brauchst du auch einige elektrische Bauteile, die du über die GPIO-Stiftleiste steuern wirst. Bei den meisten GPIO-Projekten kommen die Folgenden zum Einsatz.

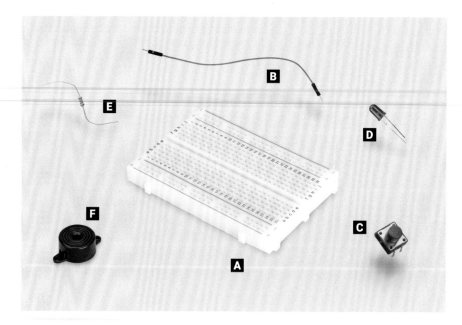

Abbildung 6-3   Gängige elektronische Bauteile

A Steckplatine

B Jumperkabel

C Drucktaster

D Leuchtdiode (LED)

E Widerstand

F Piezoelektrischer Summer

Eine *Steckplatine* (**A**), auch bekannt als *„Breadboard"*, kann Physical Computing-Projekte erheblich erleichtern. Anstatt einen Haufen loser Bauteile, die mit Drähten verbunden werden müssen, kannst du auf einer Steckplatine Komponenten einstecken und diese mithilfe von Metallbahnen verbinden, die unter ihrer Oberfläche verborgen sind. Viele Steckplatinen enthalten auch Abschnitte für die Stromverteilung, was den Aufbau von Schaltkreisen zusätzlich erleichtert. Man braucht keine Steckplatine, um mit Physical Computing zu beginnen, aber sie erleichtert auf jeden Fall den Einstieg.

Jumperkabel (B), auch bekannt als *Dupont-Kabel,* verbinden die Bauteile mit dem Raspberry Pi und – wenn du keine Steckplatine verwendest – untereinander. Sie sind in drei Versionen erhältlich: männlich-zu-weiblich (M2F), das du benötigst, um eine Steckplatine mit den GPIO-Stiften zu verbinden; weiblich-zu-weiblich (F2F), das verwendet wird, um einzelne Bauteile miteinander zu verbinden, wenn du dafür keine Steckplatine verwendest; und männlich-zu männlich (M2M), um Verbindungen von einem Teil einer Steckplatine zu einem anderen herzustellen. Je nach Projekt benötigst du möglicherweise alle drei Arten von Jumperkabel. Wenn du eine Steckplatine verwendest, kommst du in der Regel mit M2F- und M2M-Jumperkabeln aus.

Ein *Drucktaster* (**C**) ist die Art von Schalter, die du bei Controllern für Spielkonsolen findest. Diese Schalter sind üblicherweise mit zwei oder vier Beinchen erhältlich. Beide Typen können mit dem Raspberry Pi eingesetzt werden. Der Drucktaster ist ein Eingabegerät – dein Programm kann überwachen, ob er gedrückt wird, und dann eine entsprechende Aufgabe ausführen. Ein weiterer gängiger Schaltertyp ist ein *Rastchalter*. Während ein Drucktaster nur aktiv ist, wenn du ihn gedrückt hältst, wird ein Rastchalter aktiviert, wenn du ihn umschaltest. Er bleibt dann so lange aktiv, bis du ihn wieder umschaltest. Die meisten Lichtschalter sind ein gutes Beispiel für diese Art von Schalter.

Eine *Leuchtdiode (LED,* **D**) ist ein *Ausgabegerät,* das du direkt von deinem Programm aus steuern kannst. Eine LED leuchtet, wenn sie eingeschaltet ist. Du findest sie überall zuhause – und in allen Größen: von den kleinen LEDs, die anzeigen, dass die Waschmaschine eingeschaltet ist, bis hin zu den großen zum Erhellen von Zimmern. Leuchtdioden sind in einer Vielzahl von Formen, Farben und Größen erhältlich. Nicht alle sind jedoch für die Verwendung mit einem Raspberry Pi geeignet. Vermeide LEDs, die für 5 V- oder 12 V-Versorgungsspannung bestimmt sind.

Widerstände (**E**) sind Bauteile, die den Fluss des *elektrischen Stroms* steuern. Sie sind mit verschiedenen Widerstandswerten erhältlich, die in der Einheit *Ohm* (Ω) angegeben werden. Je höher die Ohm-Zahl, desto höher der Widerstand. Bei Physical-Computing-Projekten mit dem Raspberry Pi werden Widerstände am häufigsten dazu verwendet, Leuchtdioden davor zu schützen, zu viel Strom zu ziehen und sich selbst oder den Raspberry Pi zu beschädigen.

Dazu benötigst du Widerstände von 330 Ω. Viele Elektronikshops verkaufen handliche Packungen mit einer Reihe verschiedener, häufig verwendeter Widerstandswerte, was dir mehr Flexibilität bietet.

Ein *piezoelekrischer Summer* (**F**), meist einfach als „Summer" oder „Buzzer" bezeichnet, ist ein weiteres Ausgabegerät. Während eine LED Licht erzeugt, verursacht der Summer ein Geräusch – genauer gesagt, ein Summen. In seinem Inneren befinden sich zwei Metallplatten. Im aktivierten Zustand vibrieren diese Platten gegeneinander und erzeugen den Summton. Es gibt zwei Arten von Summern: *aktive* und *passive Summer*. Achte beim Kauf darauf, aktive Summer zu erwerben, da diese am einfachsten zu benutzen sind.

Andere häufig verwendete elektrische Bauteile sind: Motoren, die eine spezielle Steuerplatine benötigen, bevor sie an den Raspberry Pi angeschlossen werden können, und Infrarotsensoren, die Bewegungen erkennen. Temperatur- und Feuchtigkeitssensoren, die zur Wettervorhersage verwendet werden, und lichtabhängige Widerstände (Fotowiderstände / LDRs) – Eingabegeräte, die wie eine umgekehrte LED funktionieren, indem sie Licht erkennen.

Händler auf der ganzen Welt bieten Bauteile für das Physical Computing mit dem Raspberry Pi an. Du findest sie als Einzelteile oder in Bausätzen, die alles enthalten, was du für den Einstieg benötigst. Um Händler zu finden, besuchst du **rptl.io/products**, klickst auf **Raspberry Pi 5** und dann auf den Button **Buy now**, um eine Liste der Raspberry Pi Partner-Onlineshops und zugelassener Wiederverkäufer für dein Land oder die Region anzuzeigen.

Für die Projekte in diesem Kapitel benötigst du mindestens die folgenden Bauteile:

- ▸ 3 × LEDs: rot, grün und gelb oder orange

- ▸ 2 × Drucktaster

- ▸ 1 × aktiver Summer

- ▸ Jumperkabel männlich-zu-weiblich (M2F) und weiblich-zu-weiblich (F2F)

- ▸ Optional eine Steckplatine und männlich-zu-männlich (M2M) Jumperkabel

Widerstandswerte anhand von Farbcodes ermitteln

Widerstände gibt es in einer breiten Palette von Werten, von Null-Ohm-Widerständen, die praktisch nur Drahtstücke sind, bis hin zu Hoch-Ohm-Widerständen in der Dicke eines Unterschenkels. Bei den wenigsten dieser

Widerstände sind die Werte in Zahlen aufgedruckt. Stattdessen verwenden sie einen speziellen Code (**Abbildung 6-4**), der in Form farbiger Ringe oder Streifen um den Widerstand herum verläuft.

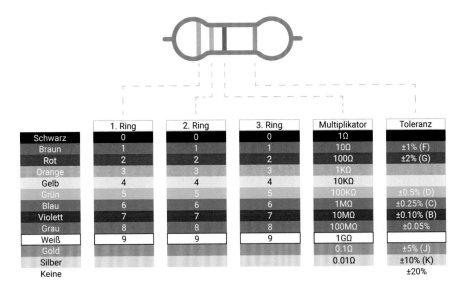

	1. Ring	2. Ring	3. Ring	Multiplikator	Toleranz
Schwarz	0	0	0	1Ω	
Braun	1	1	1	10Ω	±1% (F)
Rot	2	2	2	100Ω	±2% (G)
Orange	3	3	3	1KΩ	
Gelb	4	4	4	10KΩ	
Grün	5	5	5	100KΩ	±0.5% (D)
Blau	6	6	6	1MΩ	±0.25% (C)
Violett	7	7	7	10MΩ	±0.10% (B)
Grau	8	8	8	100MΩ	±0.05%
Weiß	9	9	9	1GΩ	
Gold				0.1Ω	±5% (J)
Silber				0.01Ω	±10% (K)
Keine					±20%

Abbildung 6-4   Farbcodes für Widerstände

Um den Wert eines Widerstands abzulesen, hältst du ihn so, dass die Gruppe der Ringe links und der einzelne Ring rechts liegt. Ausgehend vom ersten Ring schaust du in der Spalte „1./2. Ring" der Tabelle nach, um die erste und zweite Ziffer zu erhalten. Dieses Beispiel hat zwei orangefarbene Ringe, die beide einen Wert von „3" haben und damit für „33" stehen. Wenn der Widerstand vier statt drei gruppierte Ringe hat, notierst du dir auch den Wert des dritten Rings (für Fünf-/Sechs-Ring-Widerstände siehe **rptl.io/5-6-band**).

Beim letzten gruppierten Ring – dem dritten oder vierten – schaust du in der Spalte „Multiplikator" nach, welche Farbe er hat. Dies sagt dir, mit welcher Zahl du die aktuelle Zahl multiplizieren musst, um den tatsächlichen Wert des Widerstands zu erhalten. Dieses Beispiel hat einen braunen Ring und das bedeutet „$\times 10^1$". Das mag verwirrend aussehen, aber es handelt sich ganz einfach um die *wissenschaftliche Schreibweise* – „$\times 10^1$" bedeutet „Füge deiner Zahl am Ende eine Null an". Ein blauer Ring stünde für $\times 10^6$, was bedeutet: „Füge deiner Zahl sechs Nullen hinzu".

Nimmst du nun die 33 von den orangefarbenen Ringen und die hinzugefügte Null des braunen Rings, erhältst du die Zahl 330 – das ist der Widerstandswert, gemessen in Ohm. Der letzte Ring von rechts bezeichnet die *Toleranz* des Widerstands. Damit wird angegeben, wie nahe an seinem Nennwert er voraussichtlich sein wird. Günstigere Widerstände haben möglicherweise einen silbernen Ring, der anzeigt, dass sie 10 % höher oder niedriger als ihr

Nennwert sein können. Vielleicht haben sie auch gar keinen letzten Ring, was bedeutet, dass die Toleranz 20 % beträgt. Die teuersten Widerstände sind mit einem grauen Ring markiert: Ihre Toleranz beschränkt sich auf 0,05 % ihres Nennwerts. Für Hobby-Projekte ist die Genauigkeit nicht so wichtig. Alle Toleranzwerte funktionieren in der Regel gut.

Ein Widerstandswert von über 1000 Ohm (1000 Ω) wird normalerweise in Kiloohm (kΩ) angegeben. Bei über einer Million Ohm erfolgt die Angabe in Megaohm (MΩ). Ein 2200-Ω-Widerstand wird daher 2,2 kΩ geschrieben und ein 2.200.000-Ω-Widerstand 2,2 MΩ.

KANNST DU DIE FRAGEN BEANTWORTEN?

Welche Ringfarbe hat ein 100-Ω-Widerstand? Welche Ringfarbe hat ein 2,2-MΩ-Widerstand? Wenn du die günstigsten Widerstände benutzen wolltest, nach welcher Toleranzring-Farbe würdest du suchen?

Dein erstes Physical Computing-Programm: Hallo LED!

So wie die Ausgabe von „Hallo Welt" auf dem Bildschirm ein toller erster Schritt beim Erlernen einer Programmiersprache ist, steht das Aufleuchten einer LED für die traditionelle Einführung in Physical Computing. Für dieses Projekt brauchst du eine LED und einen Widerstand mit 330 Ohm (330 Ω) – oder so nah wie möglich an 330 Ω. Zusätzlich brauchst du weiblich-zu-weibliches Jumperkabel (F2F).

WIDERSTAND IST UNERLÄSSLICH

Der Widerstand ist ein wichtiges Bauteil in diesem Schaltkreis. Er schützt den Raspberry Pi und die Leuchtdiode, indem er die Menge des elektrischen Stroms, den die LED aufnehmen kann, begrenzt. Ohne ihn kann die LED zu viel Strom ziehen und sich selbst – oder den Raspberry Pi – beschädigen. Wenn der Widerstand in dieser Form verwendet wird, wird er als *strombegrenzender Widerstand* bezeichnet. Der genaue Widerstandswert, den du benötigst, hängt von der verwendeten LED ab, aber 330 Ω funktioniert für die meisten gängigen LEDs. Je höher der Wert, desto weniger hell ist die LED. Je niedriger der Wert, desto heller leuchtet sie.

Schließe niemals eine LED ohne einen Strombegrenzungswiderstand an einen Raspberry Pi an, es sei denn, du weißt, dass die LED einen eingebauten Widerstand mit passendem Wert hat.

Überprüfe zunächst, ob deine LED funktioniert. Richte deinen Raspberry Pi so aus, dass sich die GPIO-Stiftleiste in zwei vertikalen Streifen auf der rechten Seite befindet. Verbinde unter Verwendung eines weiblich-zu-weiblich Jumperkabels ein Ende des 330-Ω-Widerstands mit dem ersten 3,3-V-Stift (beschriftet mit 3V3 in **Abbildung 6-5**). Verbinde dann das andere Ende mithilfe eines weiteren weiblich-zu-weiblich-Jumperkabels mit dem langen Bein –dem Pluspol oder der Anode – der LED. Nimm ein weiteres weiblich-zu-weiblich-Jumperkabel und verbinde das kurze Beinchen – den Minuspol oder die Kathode – der LED mit dem ersten Massestift (beschriftet mit GND in **Abbildung 6-5**).

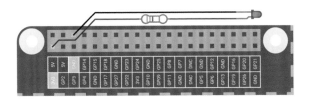

Abbildung 6-5   Verdrahte deine LED mit diesen Stiften und vergiss den Widerstand nicht!

Wenn dein Raspberry Pi eingeschaltet ist, sollte die LED aufleuchten. Wenn dies nicht der Fall ist, überprüfe die Schaltung sorgfältig. Vergewissere dich, dass der Widerstandswert nicht zu hoch ist, dass alle Kabel richtig angeschlossen sind und dass du definitiv die richtigen GPIO-Stifte (wie auf dem Diagramm abgebildet) ausgewählt hast. Überprüfe auch die Beinchen der LED, da LEDs nur in eine Richtung funktionieren. Stelle sicher, dass - das längere Beinchen mit der positiven Seite der Schaltung und das kürzere Beinchen mit der negativen Seite verbunden ist.

Sobald deine LED funktioniert, kannst du sie programmieren. Trenne das Jumperkabel vom 3,3V-Stift (in **Abbildung 6-6** mit 3V3 gekennzeichnet) und verbinde es mit dem GPIO 25-Stift (in **Abbildung 6-6** mit GP25 gekennzeichnet). Die LED erlischt, aber keine Sorge – das ist normal.

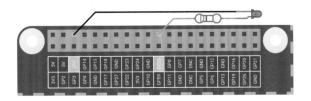

Abbildung 6-6   Trenne das Kabel von 3V3 und schließe es an den Stift 25 der GPIO an

Jetzt kannst du ein Scratch- oder Python-Programm schreiben, um die Leuchtdiode ein- und auszuschalten.

LED-Steuerung in Scratch

Starte Scratch 3 und klicke auf das **Erweiterung hinzufügen**-Symbol █. Scrolle nach unten, um die **Raspberry Pi GPIO**-Erweiterung (**Abbildung 6-7**) zu finden, und klicke darauf. Dadurch werden die Blöcke geladen, die du zur Steuerung der GPIO-Stiftleiste des Raspberry Pi aus Scratch 3 brauchst. In der Blockpalette siehst du die neuen Blöcke. Sie sind jetzt in der Kategorie „Raspberry Pi GPIO" verfügbar.

WARNHINWEIS!

Zum Zeitpunkt der Veröffentlichung dieses Handbuchs ist noch kein Update des Scratch 3 zur Unterstützung von Raspberry Pi 5 verfügbar. Falls ein Problem auftritt, kannst du überprüfen, ob ein Update erhältlich ist (siehe „Software-Updates" auf Seite 50). Wenn nicht, schaue im GitHub-Repository dieses Handbuchs unter **rptl.io/bg-resources** nach, ob es Informationen zu einem künftigen Update gibt.

Beginne damit, einen ⬤ Wenn ⚑ angeklickt wird ⬤ **Ereignisse**-Block auf den Skriptbereich zu ziehen und platziere dann einen ⬤ set gpio to output high ⬤ -Block darunter. Du musst die Nummer des von dir verwendeten Stifts auswählen. Klicke auf den kleinen Pfeil, um die Dropdown-Auswahl zu öffnen, und klicke auf **25**, um Scratch mitzuteilen, dass du den GPIO-Stift 25 steuern willst.

Abbildung 6-7   Hinzufügen der Raspberry Pi GPIO-Erweiterung zu Scratch 3

Klicke auf die grüne Flagge, um dein Programm auszuführen. Du siehst, dass deine LED aufleuchtet. Herzlichen Glückwunsch! Du hast dein erstes Physical-Computing-Projekt programmiert. Klicke auf das rote Achteck, um dein Programm zu stoppen. Wie du siehst, leuchtet die LED weiterhin. Das liegt daran, dass dein Programm den Raspberry Pi nur angewiesen hat, die LED einzuschalten – nämlich mit dem **output high**-Teil des `set gpio 25 to output high`-Blocks. Um sie wieder auszuschalten, klickst du auf den Abwärts-Pfeil am Ende des Blocks und wählst **low** aus der Liste.

Wenn du jetzt erneut auf die grüne Flagge klickst, schaltet dein Programm die LED aus. Um die Sache interessanter zu machen, fügst du einen `wiederhole fortlaufend` **Steuerung**-Block und ein paar `warte 1 Sekunden`-Blöcke hinzu, um ein Programm zu erstellen, das die LED im Sekundentakt ein- und ausschaltet.

Klicke auf die grüne Flagge und beobachte deine LED. Sie geht eine Sekunde lang an, eine Sekunde lang aus, eine Sekunde lang an und wiederholt dieses Muster so lange, bis du auf das rote Achteck klickst, um den Vorgang zu stoppen. Probiere aus, was passiert, wenn du auf das Achteck klickst, während die LED gerade ein- oder ausgeschaltet ist.

HERAUSFORDERUNG: KANNST DU ÄNDERUNGEN VORNEHMEN?

Wie würdest du das Programm ändern, damit die LED länger leuchtet? Und wie, damit die LED länger ausgeschaltet bleibt? Welches ist die kleinste Verzögerung, bei der du noch sehen kannst, wie die LED ein- und ausgeschaltet wird?

LED-Steuerung in Python

Lade Thonny aus dem Abschnitt **Entwicklung** des Raspberry Pi-Menüs. Klicke dann auf den **Neu**-Button, um ein neues Projekt zu starten, und auf **Speichern**, um es unter dem Namen **Hello LED.py** zu speichern. Um die GPIO-Stifte von Python aus zu verwenden, benötigst du eine Bibliothek namens GPIO Zero. Für dieses Projekt brauchst du nur den Teil der Bibliothek für die Arbeit mit LEDs. Importiere also nur diesen Teil der Bibliothek, indem du Folgendes in den Python-Shell-Bereich eingibst:

```
from gpiozero import LED
```

Als Nächstes musst du GPIO Zero mitteilen, an welchem GPIO-Stift die LED angeschlossen ist. Gib Folgendes ein:

```
led = LED(25)
```

Zusammen verleihen diese beiden Zeilen Python die Fähigkeit, LEDs zu steuern, die an die GPIO-Stifte deines Raspberry Pi angeschlossen sind, und die Stifte zu bestimmen, die gesteuert werden. Um die LED zu kontrollieren und einzuschalten, gibst du Folgendes ein:

```
led.on()
```

Um die LED wieder auszuschalten, gibst du dies ein:

```
led.off()
```

Herzlichen Glückwunsch! Du steuerst jetzt die GPIO-Pins deines Raspberry Pi mit Python. Versuche, die beiden Anweisungen erneut einzugeben. Wenn die LED bereits aus ist, wird durch **led.off()** nichts ausgelöst. Dasselbe gilt, wenn die LED bereits leuchtet und du **led.on()** eingibst.

Um dein eigenes Programm zu schreiben, gib Folgendes in den Skriptbereich ein:

```
from gpiozero import LED
from time import sleep
led = LED(25)
while True:
    led.on()
    sleep(1)
    led.off()
    sleep(1)
```

Dieses Programm importiert die **LED**-Funktion aus der Bibliothek gpiozero (GPIO Zero) und die **sleep**-Funktion aus der Bibliothek „time". Es konstruiert dann eine Endlosschleife, um die LED eine Sekunde lang einzuschalten, eine Sekunde lang auszuschalten und dies zu wiederholen. Klicke auf den **Ausführen**-Button, um das Programm in Aktion zu sehen: Deine LED beginnt zu blinken.

Vergleiche – wie schon beim Scratch-Programm – das Verhalten des Programms beim Klicken auf die **Ausführung beenden**-Taste, während die LED leuchtet, und wenn sie aus ist.

HERAUSFORDERUNG: LÄNGERES LEUCHTEN

Wie würdest du das Programm ändern, damit die LED länger leuchtet? Und wie, damit die LED länger ausgeschaltet bleibt? Welches ist die kleinste Verzögerung, bei der du noch sehen kannst, wie die LED ein- und ausgeschaltet wird?

Verwendung einer Steckplatine

Die nächsten Projekte in diesem Kapitel kannst du deutlich einfacher durcharbeiten, wenn du eine Steckplatine (**Abbildung 6-8**) zur Aufnahme der Bauteile und zur Herstellung der elektrischen Verbindungen verwendest.

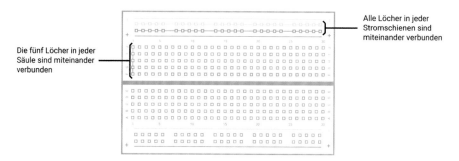

Die fünf Löcher in jeder Säule sind miteinander verbunden

Alle Löcher in jeder Stromschienen sind miteinander verbunden

Abbildung 6-8   Eine lötfreie Steckplatine

Eine Steckplatine (auch „Breadboard" genannt) ist von einem Raster mit Löchern bedeckt, die einen Abstand von 2,54 mm haben. Dies entspricht dem Abstand der Beinchen gängiger Bauteile. Unter diesen Löchern befinden sich Metallstreifen, die wie die Jumperkabel wirken, die du bisher verwendet hast. Diese verlaufen in Reihen über das gesamte Breadboard hinweg, wobei die meisten Breadboards in der Mitte eine Lücke haben, die die Fläche in zwei Hälften unterteilt. Viele Breadboards haben auch Buchstaben auf der linken Seite und Zahlen oben und unten. Mit diesen lassen sich die einzelnen Löcher identifizieren: A1 ist die linke untere Ecke, B1 ist das Loch direkt darüber und B2 ist ein Loch weiter rechts. A1 ist durch die verborgenen Metallstreifen mit B1 verbunden, aber es wird niemals ein Loch aus der ersten Reihe (1) mit einem Loch aus der zweiten Reihe (2) verbunden, es sei denn, du fügst selbst ein Jumperkabel hinzu.

Größere Steckplatinen haben auch Reihen von Löchern entlang des oberen und unteren Randes. Diese sind oft mit roten und schwarzen oder roten und blauen Streifen markiert. Dies sind die *Stromschienen*, die die Verdrahtung erleichtern sollen. Du kannst ein einzelnes Kabel vom Massestift des Raspberry Pi mit einer der Stromschienen verbinden. Normalerweise ist diese mit einem blauen oder schwarzen Streifen und einem Minus-Symbol gekennzeichnet. Damit kannst du eine *Masseverbindung (wird auch als Erde bezeichnet)* für viele Bauteile auf der Steckplatine bereitstellen. Natürlich kannst du dasselbe auch tun, wenn die Schaltung 3,3-V- oder 5-V-Strom benötigt.

Das Hinzufügen von elektronischen Bauteilen zu einer Steckplatine ist einfach. Man muss nur ihre Anschlüsse (die herausstehenden Metallbeinchen) an den Löchern ausrichten und das Bauteil vorsichtig einstecken, bis es sicher fixiert ist. Für weitere Verbindungen, die die Steckplatine nicht von sich aus vorsieht, kannst du männlich-zu-männliches Jumperkabel (M2M) verwenden. Für Verbindungen von der Steckplatine zum Raspberry Pi verwendest du männlich-zu-weibliches Jumperkabel (M2F).

WARNHINWEIS

Versuche niemals, mehr als einen Bauteilanschluss oder mehr als ein Jumperkabel in ein einziges Loch auf der Steckplatine zu stopfen. Wie bereits erwähnt, sind die Löcher abgesehen von der Teilung in der Mitte in Spalten verbunden, sodass ein Bauteilanschluss in A1 elektrisch mit allem verbunden ist, was du in B1, C1, D1 und E1 einsteckst.

Nächste Schritte: Lesen eines Tasters

Ausgabe, wie beispielsweise über LEDs ist eine Sache, aber der „Input/Output"-Teil in „GPIO" bedeutet, dass du Stifte auch als Eingänge verwenden kannst. Für dieses Projekt benötigst du eine Steckplatine, männlich-zu-männliches Jumperkabel (M2M) und männlich-zu-weibliches Jumperkabel (M2F) sowie einen Drucktaster. Wenn du keine Steckplatine hast, kannst du weiblich-zu-weiblich-Jumperkabel (F2F) verwenden, aber die Taste ist für dich dann viel schwerer zu drücken, ohne den Stromkreis versehentlich zu unterbrechen.

Füge als erstes den Drucktaster zu deiner Steckplatine hinzu. Wenn der Drucktaster nur zwei Beinchen hat, achte darauf, dass sie in unterschiedlich nummerierten Reihen auf der Steckplatine stecken. Hat er vier Beine, drehe ihn so, dass die Seiten, aus denen die Beine herausragen, entlang der Reihen der Steckplatine stecken und die flachen Seiten ohne Beine oben und unten sind. Verbinde die Erdungsschiene (Masseschiene) der Steckplatine mit einem Massestift des Raspberry Pi (gekennzeichnet mit GND in **Abbildung 6-9**) mit einem männlich-zu-weiblich-Jumperkabel und verbinde dann ein Bein des Drucktasters mit einem männlich-zu-männlich-Jumperkabel mit der Erdungsschiene, indem du das Jumperkabel in derselben Erdungsschiene bleibend direkt daneben einsteckst. Verbinde schließlich das andere Bein – das Bein auf der gleichen Seite wie das soeben angeschlossene Bein (bei Verwendung eines 4-beinigen Schalters) – mit dem GPIO 2-Stift (gekennzeichnet mit GP2 in **Abbildung 6-9**) des Raspberry Pi mit einem männlich-zu-weiblich-Jumperkabel.

Lesen eines Tasters in Scratch

Starte ein neues Scratch-Programm und ziehe einen orangefarbenen `Wenn  angeklickt wird`-Block in den Bereich mit dem Programmcode. Schließe einen `set gpio to input pulled high`-Block an und wähle die Zahl **2** aus

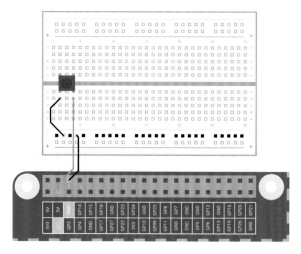

Abbildung 6-9 Verdrahtung eines Drucktasters mit den GPIO-Stiften

der Dropdown-Liste aus, die dem GPIO-Stift entspricht, den du für den Drucktaster verwendet hast.

Wenn du jetzt auf die grüne Flagge klickst, passiert nichts. Das liegt daran, dass du Scratch angewiesen hast, den Stift als Input (Eingang) zu verwenden, aber nicht, was mit diesem Input geschehen soll. Zieh einen orangefarbenen `wiederhole fortlaufend`-Block an das Ende deiner Sequenz und dann einen `falls , dann sonst`-Block in diesen hinein. Suche den grünen `gpio is high?`-Block, ziehe ihn in den rautenförmigen Bereich in dem `falls , dann`-Teil des Blocks und wähle aus der Dropdown-Liste die Zahl **2**, um einzustellen, welcher GPIO-Stift geprüft werden soll. Ziehe einen `sage Hallo! für 2 Sekunden`-Block in den `sonst`-Teil des orangefarbenen Blocks und bearbeite ihn so, dass „**Knopf gedrückt!**" angezeigt wird. Lass den Platz zwischen `falls , dann` und `sonst` im orangefarbenen Block erst einmal leer.

Hier passiert eine ganze Menge. Beginne damit, dein Programm zu testen. Klicke auf die grüne Flagge und drücke dann den Button auf deiner Steckplatine. Dein Sprite sollte dir sagen, dass der Button gedrückt wurde. Herzlichen Glückwunsch! Du hast erfolgreich eine Eingabe von einem GPIO-Pin gelesen.

Da der Bereich zwischen `falls , dann` und `sonst` im orangefarbenen Block derzeit leer ist, passiert nichts, wenn `gpio 2 is high?` als wahr ausgewertet wird. Der Code, der läuft, wenn der Taster tatsächlich gedrückt wird, befindet sich im `sonst`-Teil des Blocks. Das scheint ein wenig verwirrend. Sollte die Spannung nicht ansteigen, wenn der Taster gedrückt wird? Tatsächlich ist das Gegenteil der Fall: Die GPIO-Stifte des Raspberry Pi sind normalerweise unter Spannung („high" = 3,3 V), also eingeschaltet, wenn sie als Eingang eingestellt sind. Beim Drücken auf den Taster wird ihre Spannung auf Masse heruntergezogen („low" = 0 V).

Schau dir deine Schaltung noch einmal an. Der Taster ist mit dem GPIO 2-Stift, der den positiven Teil des Stromkreises bereitstellt, und mit dem Massestift verbunden. Wenn der Taster gedrückt ist, wird die Spannung am GPIO-Stift auf Masse gezogen („low") und dein Scratch-Programm stoppt die Ausführung des Programms (falls vorhanden) in deinem `if gpio 2 is high ? then`-Block und führt stattdessen das Programm im `sonst` -Teil des Blocks aus.

Wenn dir das merkwürdig vorkommt, merke dir: Ein Taster an einem Raspberry Pi-GPIO-Stift gilt als gedrückt, wenn der Stift auf „low" geht – nicht, wenn er „hoch" ist.

Um dein Programm zu erweitern, fügst du die LED und den Widerstand wieder in die Schaltung ein. Denke daran, den Widerstand mit Pin 25 des GPIO, sowie dem langen Beinchen der LED zu verbinden. Das kürzere Beinchen der LED verbindest du mit der Erdungsschiene auf deiner Steckplatine.

Ziehe den `sage Knopf gedrückt! für 2 Sekunden`-Block aus dem Skriptbereich auf die Blockpalette, um ihn zu löschen, und ersetze ihn dann durch einen grünen `set gpio 25 to output high`-Block. Denke daran, dass du die GPIO-Zahl mithilfe des Dropdown-Pfeils ändern musst. Füge einen grünen `set gpio 25 to output low`-Block zum derzeit leeren `if gpio 2 is high ? then`-Teil des Blocks hinzu und denke daran, die GPIO-Nummer des Blocks zu ändern.

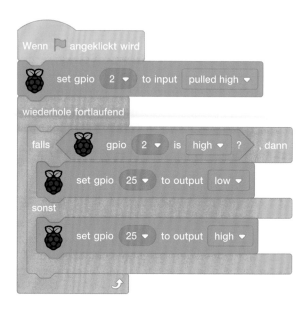

Klicke auf die grüne Flagge und drücke den Taster. Die LED leuchtet, solange der Taster gedrückt bleibt. Sobald du ihn loslässt, erlischt sie. Herzlichen Glückwunsch! Du steuerst einen GPIO-Stift basierend auf der Eingabe von einem anderen.

HERAUSFORDERUNG: LED SOLL LÄNGER LEUCHTEN

Wie würdest du das Programm ändern, damit die LED ein paar Sekunden lang weiter leuchtet, nachdem du den Taster loslässt? Was müsstest du ändern, damit die LED an ist, wenn du den Taster nicht drückst, und aus, wenn du ihn drückst?

Lesen eines Tasters in Python

Klicke in Thonny auf den **Neu**-Button, um ein neues Projekt zu starten, und auf **Speichern**, um es unter **Button Input.py** zu speichern. Die Verwendung eines GPIO-Stifts als Eingang für einen Taster ist der Verwendung eines Stifts als Ausgang für eine LED sehr ähnlich, aber du musst einen anderen Teil der GPIO Zero-Bibliothek importieren. Gib Folgendes in den Skriptbereich ein:

```
from gpiozero import Button
button = Button(2)
```

Damit der Code beim Drücken der Taste ausgeführt wird, bietet GPIO Zero die **wait_for_press**-Funktion. Gib Folgendes ein:

```
button.wait_for_press()
print("Du hast mich gedrückt!")
```

Klicke auf den **Ausführen**-Button und drücke dann den Drucktaster. Deine Nachricht wird in der Python-Shell am unteren Rand des Thonny-Fensters ausgegeben. Herzlichen Glückwunsch! Du hast erfolgreich eine Eingabe von einem GPIO-Pin gelesen.

Wenn du dein Programm noch einmal ausprobieren möchtest, musst du erneut auf den **Ausführen**-Button klicken. Da das Programm keine Schleife enthält, endet es, sobald es die Nachricht an die Shell ausgegeben hat.

Um das Programm zu erweitern, fügst du die LED und den Widerstand wieder in die Schaltung ein, falls du das noch nicht getan hast. Denke daran, den Widerstand an den GPIO 25-Stift und das lange Bein der LED, sowie das kurze Bein der LED an die Erdungsschiene deiner Steckplatine anzuschließen.

Um sowohl eine LED zu steuern, als auch einen Taster zu lesen, musst du sowohl die **Button** als auch die **LED**-Funktion aus der GPIO Zero-Bibliothek importieren. Außerdem brauchst du auch die **sleep**-Funktion aus der **time**-Bibliothek. Gehe zurück an den Anfang deines Programms und gibt dort zwei neue Zeilen ein:

```
from gpiozero import LED
from time import sleep
```

Unter der Zeile **button = Button(2)** gibst du ein:

```
led = LED(25)
```

Lösche die Zeile **print("Du hast mich gedrückt!")** und ersetze sie durch:

```
led.on()
sleep(3)
led.off()
```

Dein fertiges Programm sollte dann so aussehen:

```
from gpiozero import LED
from time import sleep
from gpiozero import Button
```

```
button = Button(2)
led = LED(25)
button.wait_for_press()
led.on()
sleep(3)
led.off()
```

Klicke auf den **Ausführen**-Button und drücke dann den Drucktaster. Die LED leuchtet drei Sekunden lang auf, erlischt dann wieder und das Programm endet. Herzlichen Glückwunsch! Du bist jetzt imstande, in Python eine LED mit einem Taster am GPIO-Eingang zu steuern.

HERAUSFORDERUNG: EINE SCHLEIFE HINZUFÜGEN

Wie würdest du eine Schleife hinzufügen, um das Programm zu wiederholen, anstatt es nach einem Tastendruck zu beenden? Was müsstest du ändern, damit die LED angeht, wenn du den Knopf nicht drückst, und ausschaltet, wenn du ihn drückst?

Geräusche machen: Steuerung eines Summers

LEDs sind ein gutes Ausgabegerät, aber nicht sonderlich nützlich, wenn man sie nicht im Blickfeld hat. Die Lösung: Summer, die ein Geräusch machen, das im ganzen Raum zu hören ist. Für dieses Projekt benötigst du eine Steckplatine, ein männlich-zu-weiblich-Jumperkabel (M2F) und einen aktiven Summer. Wenn du keine Steckplatine hast, kannst du den Summer stattdessen mit weiblich-zu-weiblich-Jumperkabeln (F2F) anschließen.

Ein aktiver Summer kann hinsichtlich Schaltung und Programmierung genau wie eine LED behandelt werden. Wiederhole die Schaltung, die du für die LED gemacht hast, ersetze aber die LED durch den aktiven Summer und lasse den Widerstand weg, da der Summer mehr Strom benötigt, um zu funktionieren. Verbinde ein Bein des Summers mit dem GPIO-Stift 15 (in **Abbildung 6-10** als GP15 gekennzeichnet) und das andere mit dem Massestift (als GND gekennzeichnet). Benutze die Steckplatine und ein männlich-zu-weiblich-Jumperkabel.

Wenn dein Summer drei Beine hat, vergewissere dich, dass das mit einem Minus-Symbol (-) markierte Bein mit dem Massestift und das mit S oder SIGNAL markierte Bein mit Pin 15 verbunden ist. Verbinde dann das verbleibende Bein – normalerweise das mittlere – mit dem 3,3-V-Stift (mit der Bezeichnung 3V3.)

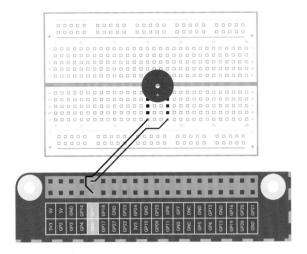

Abbildung 6-10   Anschließen eines Summers an die GPIO-Stifte

Steuerung eines Summers in Scratch

Erstelle dasselbe Programm, mit dem du die LED zum Blinken gebracht hast – oder lade es, wenn du es gespeichert hast. Wähle in der Dropdown-Liste in den grünen **set gpio to output high**-Blöcken die Nummer **15** aus, damit Scratch den richtigen GPIO-Stift steuert.

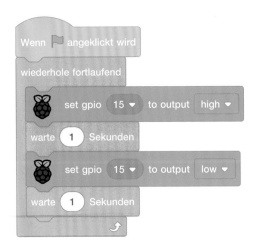

Klicke auf die grüne Flagge und der Summer beginnt zu summen – eine Sekunde lang an und eine Sekunde lang aus. Wenn du den Summer nur ein Mal pro Sekunde klicken hörst, ist er passiv, nicht aktiv. Während ein aktiver Summer ein sich schnell änderndes Signal erzeugt, das als *Oszillation (Schwingung)* bezeichnet wird, um die Metallplatten in Schwingung zu versetzen, muss ein pas-

siver Summer ein externes Oszillationssignal empfangen, anstatt selbst eines zu erzeugen. Wenn du ihn einfach mit Scratch einschaltest, bewegen sich die Platten nur ein Mal und stoppen dann – das „Klick"-Geräusch ertönt, bis das Programm den Stift das nächste Mal ein- oder ausschaltet.

Klicke auf das rote Achteck, um den Summer zu stoppen, aber stelle sicher, dass du das tust, wenn kein Ton zu hören ist, sonst summt der Summer weiter, bis du dein Programm erneut ausführst!

HERAUSFORDERUNG: SUMMER ÄNDERN

Wie kannst du das Programm ändern, damit der Summer für eine kürzere Zeit ertönt? Kannst du eine Schaltung bauen, sodass der Summer mit einem Taster gesteuert wird?

Steuerung eines Summers in Python

Die Steuerung eines aktiven Summers durch die GPIO Zero-Bibliothek ist fast identisch mit der Steuerung einer LED, da er Ein- und Aus-Zustände hat. Du benötigst jedoch eine andere Funktion dafür: **Buzzer**. Starte ein neues Projekt in Thonny und speichere es als **Buzzer.py**. Nun gibst du Folgendes ein:

```
from gpiozero import Buzzer
from time import sleep
```

Wie bei den LEDs muss GPIO Zero wissen, an welchem Stift dein Summer angeschlossen ist, um ihn steuern zu können. Schreibe folgenden Code:

```
buzzer = Buzzer(15)
```

Ab hier ist dein Programm fast identisch mit dem, das du zur Steuerung der LED geschrieben hast. Der einzige Unterschied (abgesehen von einer anderen GPIO-Stiftnummer) besteht darin, dass du **buzzer** anstelle von **led** verwendest. Gib Folgendes ein:

```
while True:
    buzzer.on()
    sleep(1)
    buzzer.off()
    sleep(1)
```

Klicke auf den **Ausführen**-Button, und dein Summer beginnt zu summen: eine Sekunde lang an und eine Sekunde lang aus. Wenn du einen passiven Summer statt eines aktiven verwendest, hörst du nur ein kurzes Klicken im Sekundentakt statt eines kontinuierlichen Summtons.

Klicke auf den **Ausführung beenden**-Button, um das Programm zu beenden. Stelle aber sicher, dass der Summer zu diesem Zeitpunkt keinen Ton von sich gibt, sonst summt er so lange weiter, bis du das Programm erneut startest!

Scratch-Projekt: Verkehrsampeln

Jetzt weißt du, wie man Taster, Summer und LEDs als Ein- und Ausgänge verwendet. Du kannst jetzt ein Beispielprogramm für die reale Welt bauen – Ampeln mit einem Knopf, den du drücken kannst, um heil eine Straße zu überqueren. Für dieses Projekt benötigst du eine Steckplatine, eine rote, eine gelbe und eine grüne LED, drei 330-Ω-Widerstände, einen Summer, einen Drucktaster und eine Auswahl an männlich-zu-männlich-(M2M)- und männlich-zu-weiblich-(M2F)-Jumperkabeln.

Beginne mit dem Aufbau der Schaltung (**Abbildung 6-11**), indem du den Summer an Pin 15 des GPIOs (mit GP15 gekennzeichnet), die rote LED an Pin 25 (GP25), die gelbe LED an Pin 8 (GP8), die grüne LED an Pin 7 (GP7) und den Schalter an Pin 2 (GP2) anschließt. Denke daran, die 330-Ω-Widerstände zwischen den GPIO-Stiften und den langen Beinen der LEDs anzuschließen, und verbinde die zweiten Beine aller Bauteile mit der Erdungsschiene der Steckplatine. Verbinde schließlich die Erdungsschiene mit einem Massestift (mit GND gekennzeichnet) am Raspberry Pi, um die Schaltung zu vervollständigen.

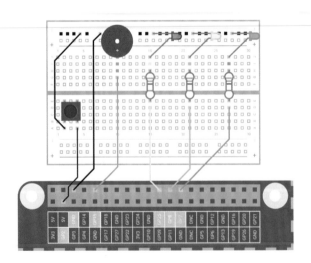

Abbildung 6-11   Schaltplan für das Ampelprojekt

Starte ein neues Scratch 3-Projekt und ziehe dann einen [Wenn 🏳 angeklickt wird]-Block in den Skriptbereich. Nun musst du Scratch sagen, dass Pin 2 des GPIO, der mit dem Drucktastenschalter verbunden ist, kein Ausgang, sondern ein Eingang ist. Ziehe einen grünen

 -Block aus der Kategorie **Raspberry Pi GPIO** der Blockpalette unter deinen  -Block. Klicke auf den Abwärts-Pfeil neben der **0** und wähle aus der Dropdown-Liste **2**.

Als Nächstes erstellst du deine Ampel-Sequenz. Ziehe einen  -Block in dein Programm und fülle ihn dann mit Blöcken, um die Ampel-LEDs nach einem Muster an- und auszuschalten. Merke dir, welche Bauteile an welche GPIO-Stifte angeschlossen sind. Bei Stift 25 verwendest du die rote LED, bei Stift 8 die gelbe LED und bei Stift 7 die grüne LED.

Klicke auf die grüne Flagge und beobachte die LEDs. Zuerst leuchtet die rote LED, dann die rote und die gelbe gemeinsam, dann die grüne, dann die gelbe und schließlich beginnt die Sequenz erneut mit dem roten Licht. Dies ist die Abfolge Muster der Ampeln in Großbritannien. Du kannst die Sequenz auch der Abfolge in deinem eigenen Land anpassen.

Um einen Fußgängerüberweg zu simulieren, muss dein Programm ständig überwachen, ob der Knopf gedrückt wird. Klicke auf das rote Achteck, um das Programm zu stoppen, falls es gerade läuft. Ziehe einen `falls , dann sonst` -Block in den Skriptbereich und verbinde ihn so, dass er sich direkt unter dem `wiederhole fortlaufend` -Block befindet, mit der Ampel-Sequenz im `falls , dann` -Abschnitt. Lasse die rautenförmige Lücke für den Moment leer.

Bei einem echten Fußgängerstreifen schaltet die Ampel beim Drücken des Knopfs nicht sofort auf Rot, sondern wartet das nächste rote Licht in der Sequenz ab. Um das in dein eigenes Programm einzubauen, ziehst du einen grünen `when gpio is low` -Block in den Skriptbereich und wählst „2" aus der Dropdown-Liste. Ziehe dann einen orangefarbenen `setze gedrückt auf 1` -Block unter den grünen.

Dieser Blockstapel wartet darauf, dass der Knopf gedrückt wird und setzt dann die Variable **gedrückt** auf 1. Wenn du eine Variable auf diese Weise einstellst, kannst du die Tatsache speichern, dass der Knopf gedrückt wurde, auch wenn keine sofortige Reaktion erfolgt.

Gehe zurück zu deinem ursprünglichen Blockstapel und suche den `falls , dann` -Block. Ziehe einen grünen rautenförmigen `◯ = ◯` -Operator-Block in die rautenförmige Leerstelle des `falls , dann` -Blocks und ziehe dann einen dunkelorangen `pushed` -Block an die erste leere Stelle. Gib **0** über **50** rechts im Block ein.

Klicke auf die grüne Flagge und beobachte, wie die Ampeln die Abfolge durchlaufen. Wenn du soweit bist, drückst du den Drucktaster. Zunächst sieht es so aus, als würde nichts passieren, aber sobald die Sequenz zu Ende ist – wobei nur die gelbe LED leuchtet – geht die Ampel aus und bleibt dank der Variablen **gedrückt** ausgeschaltet.

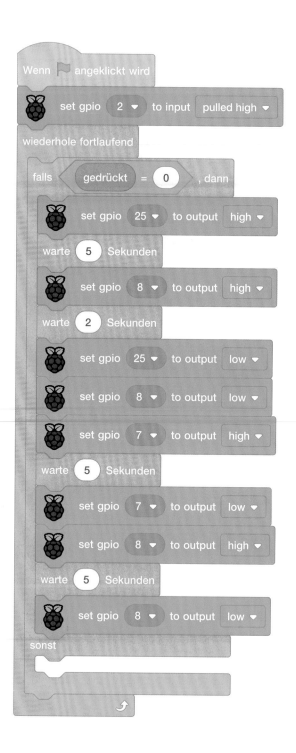

Jetzt musst du nur noch dafür sorgen, dass der Knopf für den Fußgänger-überweg tatsächlich etwas anderes tut, als die Lichter auszuschalten. Suche im Hauptblockstapel den `sonst`-Block und ziehe einen `set gpio 25 to output high`-Block hinein. Denke daran, die Standard-GPIO-Stiftnummer so zu ändern, dass sie mit dem Stift übereinstimmt, an dem die rote LED angeschlossen ist.

Erstelle darunter, noch im `sonst`-Block, ein Muster für den Summer. Ziehe einen `wiederhole 10 mal`-Block und fülle ihn dann mit den Blöcken `set gpio 15 to output high`, `warte 0.2 Sekunden`, `set gpio 15 to output low` und `warte 0.2 Sekunden`. Dabei änderst du die GPIO-Stiftwerte so, dass sie mit dem Stift für den Summer übereinstimmen.

Zum Schluss fügst du unterhalb deines `wiederhole 10 mal`-Blocks, aber immer noch im `sonst`-Block, einen grünen `set gpio 25 to output low`-Block und einen dunkelorangen `setze gedrückt auf 0`-Block hinzu. Der letzte Block setzt die Variable zurück, die das Drücken des Knopfs speichert, damit die Summer-Sequenz nicht ewig wiederholt wird.

Klicke auf die grüne Flagge und drücke dann den Schalter auf der Steckplatine. Nachdem die Sequenz abgeschlossen ist, beginnt das rote Licht zu leuchten und der Summer ertönt, damit Fußgänger wissen, dass das Überqueren sicher ist. Nach einigen Sekunden hört der Summer auf, die Ampel-Sequenz beginnt erneut und dauert bis zum nächsten Knopfdruck an.

Herzlichen Glückwunsch! Du hast deine eigene, voll funktionsfähige Ampel-anlage für einen Fußgängerstreifen programmiert.

HERAUSFORDERUNG: KANNST DU ES VERBESSERN?

Kannst du das Programm ändern, damit Fußgängern mehr Zeit zum Überqueren bleibt? Kannst du Informationen über die Ampelabfolgen anderer Länder finden und deine Ampeln entsprechend umprogrammieren? Wie kannst du die LEDs weniger hell machen?

Python-Projekt: Reaktionsspiel

Jetzt, da du weißt, wie man Taster und LEDs als Ein- und Ausgänge verwendet, bist du soweit, ein Beispielprogramm für die reale Welt bauen zu können: ein Reaktionsspiel für zwei Spieler, bei dem es darum geht, wer am schnellsten reagiert! Für dieses Projekt benötigst du eine Steckplatine, eine LED und einen 330-Ω-Widerstand, zwei Drucktaster, einige männlich-zu-weiblich-(M2F)-Jumperkabel und einige männlich-zu-männlich-(M2M)-Jumperkabel.

Beginne mit dem Aufbau der Schaltung (**Abbildung 6-12**). Verbinde den ersten Schalter auf der linken Seite deiner Steckplatine mit Stift 14 des GPIO (mit GP14 gekennzeichnet **Abbildung 6-12**). Der zweite Schalter auf der rechten Seite deiner Steckplatine wird an Stift 15 (mit GP15 beschriftet) angeschlossen. Das längere Bein der LED wird mit dem 330-Ω-Widerstand verbunden, der wiederum an Stift 4 des GPIO (mit GP4 beschriftet) angeschlossen wird. Das zweite Beinchen all deiner Bauteile wird mit der Erdungsschiene deiner Steckplatine verbunden. Zum Schluss verbindest du die Erdungsschiene mit dem Massestift des Raspberry Pi (mit GND bezeichnet).

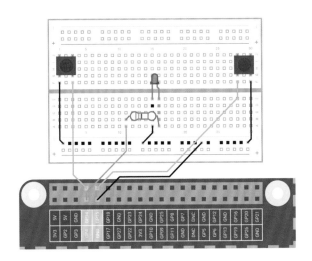

Abbildung 6-12   Schaltplan für das Reaktionsspiel

Starte ein neues Projekt in Thonny und speichere es als **Reaktionsspiel.py**. Du wirst die Funktionen **LED** und **button** aus der Bibliothek GPIO Zero und die Funktion **sleep** aus der Bibliothek „time" verwenden. Anstatt die beiden GPIO Zero-Funktionen in zwei getrennte Zeilen zu importieren, kannst du Zeit sparen und sie zusammen importieren, indem du sie mit einem Komma (**,**) trennst. Gib Folgendes in den Skriptbereich ein:

```
from gpiozero import LED, Button
from time import sleep
```

Wie zuvor musst du GPIO Zero sagen, an welche Stifte die beiden Taster und die LED angeschlossen sind. Gib Folgendes ein:

```
led = LED(4)
right_button = Button(15)
left_button = Button(14)
```

Füge nun Anweisungen zum Ein- und Ausschalten der LED hinzu, damit du überprüfen kannst, ob sie korrekt funktioniert:

```
led.on()
sleep(5)
led.off()
```

Klicke auf den **Ausführen**-Button. Die LED leuchtet fünf Sekunden lang auf und geht dann aus. Das Programm endet. Für ein Reaktionsspiel ist es jedoch nicht sinnvoll, die LED jedes Mal nach genau 5 Sekunden ausgehen zu lassen. Füge also Folgendes unter der Zeile **from time import sleep** ein:

```
from random import uniform
```

Mit der Bibliothek **random** kannst du, wie der Name „random" vermuten lässt, Zahlen nach dem Zufallsprinzip erzeugen (hier mit einer gleichmäßigen Verteilung – siehe **rptl.io/uniform-dist**). Suche die Zeile **sleep(5)** und ändere sie wie folgt:

```
sleep(uniform(5, 10))
```

Klicke erneut auf den **Ausführen**-Button. Dieses Mal leuchtet die LED für eine zufällige Anzahl Sekunden zwischen 5 und 10. Zähle, wie lange es dauert, bis die LED erlischt, und klicke dann noch ein paar Mal auf den **Ausführen**-Button. Du wirst sehen, dass die Zeit bei jedem Durchlauf anders ist, was das Programm weniger vorhersehbar macht.

Um die Tasten in Auslöser für jeden Spieler zu verwandeln, musst du noch eine Funktion hinzufügen. Gib ganz unten im Programm Folgendes ein:

```
def pressed(button):
    print(str(button.pin.number) + " hat gewonnen")
```

Denke daran, dass Python Einrückungen verwendet, um zu verstehen, welche Zeilen Teil der Funktion sind. Thonny rückt die zweite Zeile automatisch für dich ein.

Füge schließlich die folgenden beiden Zeilen hinzu, um zu erkennen, wenn Spieler die Taste drücken. Diese Zeilen dürfen nicht eingerückt werden, sonst behandelt Python sie wie einen Teil deiner Funktion.

```
right_button.when_pressed = pressed
left_button.when_pressed = pressed
```

Führe dein Programm aus und drücke eine der beiden Tasten, sobald die LED erlischt. Die Meldung, welcher Button zuerst gedrückt wurde, wird in der Python Shell am unteren Rand des Thonny-Fensters ausgegeben. Leider wird bei jedem Drücken eines der beiden Buttons dieselbe Nachricht angezeigt, wobei die Pin-Nummer anstelle eines Spieler verwendet wird.

Das kannst du ändern, indem du die Spieler nach ihren Namen fragst. Gib unter der Zeile **from random import uniform** Folgendes ein:

```
left_name = input("Der Spieler links heißt ")
right_name = input("Der Spieler rechts heißt ")
```

Geh zurück zu deiner Funktion und ersetze die Zeile **print(str(button.pin.number) + " hat gewonnen")** durch:

```
    if button.pin.number == 14:
        print (left_name + " hat gewonnen")
    else:
        print(right_name + " hat gewonnen")
```

Klicke auf den **Ausführen**-Button und gib dann die Namen der beiden Spieler in den Python-Shell-Bereich ein. Wenn du die Taste dieses Mal so schnell wie möglich nach dem Erlöschen der LED drückst, wird jetzt anstelle der Stiftnummer der Spielername ausgegeben.

Damit nicht jeder Tastendruck als „Sieger" ausgelegt wird, musst du eine weitere Funktion aus der Bibliothek sys – kurz für *System*– verwenden: **exit**. Gib unter der letzten Zeile **import** Folgendes ein:

```
from os import _exit
```

Dann gibst du am Ende deiner Funktion in der Zeile **print(right_name + " hat gewonnen")** Folgendes ein:

```
    _exit(0)
```

Die Einrückung ist hier wichtig. **_exit(0)** sollte um vier Leerzeichen eingerückt werden, ausgerichtet mit **else** zwei Zeilen darüber und mit **if** wiederum zwei Zeilen darüber. Mit dieser Anweisung wird Python angewiesen, das
Programm nach dem Drücken des ersten Buttons zu stoppen. Das sorgt dafür,
dass der Spieler, der den Button zu spät drückt, nicht als Sieger ausgewiesen
wird!

Dein fertiges Programm sollte dann so aussehen:

```
from gpiozero import LED, Button
from time import sleep
from random import uniform
from os import _exit

left_name = input("Der Spieler links heißt ")
right_name = input ("Der Spieler rechts heißt ")
led = LED(4)
right_button = Button(15)
left_button = Button(14)

led.on()
sleep(uniform(5, 10))
led.off()

def pressed(button):
    if button.pin.number == 14:
        print(left_name + " hat gewonnen")
    else:
        print(right_name + " hat gewonnen")
    _exit(0)

right_button.when_pressed = pressed
left_button.when_pressed = pressed
```

Klicke auf den **Ausführen**-Button, gib die Namen der Spieler ein und warte,
bis die LED erlischt – dann siehst du den Namen des siegreichen Spielers. Außerdem erhältst du auch eine Meldung von Python selbst: **Process ended
with exit code 0.** Das bedeutet, dass Python deinen Befehl **_exit(0)** erhalten und das Programm angehalten hat und jetzt bereit für die nächsten
Anweisungen ist. Wenn du noch einmal spielen möchtest, klickst du erneut
auf den Button **Ausführen**.

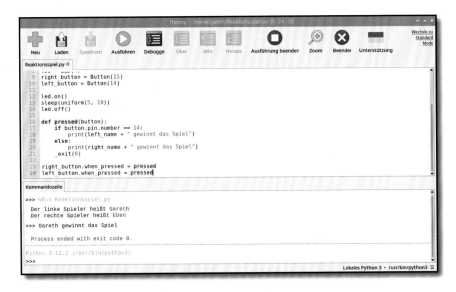

```
 9  right_button = Button(15)
10  left_button = Button(14)
11
12  led.on()
13  sleep(uniform(5, 10))
14  led.off()
15
16  def pressed(button):
17      if button.pin.number == 14:
18          print(left_name + " gewinnt das Spiel")
19      else:
20          print(right_name + " gewinnt das Spiel")
21      _exit(0)
22
23  right_button.when_pressed = pressed
24  left_button.when_pressed = pressed
```

```
>>> %Run Reaktionsspiel.py
 Der linke Spieler heißt Gareth
 Der rechte Spieler heißt Eben
>>> Gareth gewinnt das Spiel
 Process ended with exit code 0.
Python 3.11.2 (/usr/bin/python3)
>>>
```

Abbildung 6-13 Wer nach dem Erlöschen des Lichts als Erster den Button drückt, wird zum Sieger erklärt

Herzlichen Glückwunsch! Du hast mit Physical Computing dein eigenes Spiel programmiert.

HERAUSFORDERUNG: DAS SPIEL VERBESSERN

Kannst du eine Schleife hinzufügen, damit das Spiel kontinuierlich läuft? Vergiss nicht, die Anweisung **_exit(0)** zuerst zu entfernen! Kannst du einen Punktezähler hinzufügen, damit du sehen kannst, wer über mehrere Runden gewinnt? Wie wäre es mit einem Timer, damit du sehen kannst, wie lange du gebraucht hast, um auf das Erlöschen des Lichts zu reagieren?

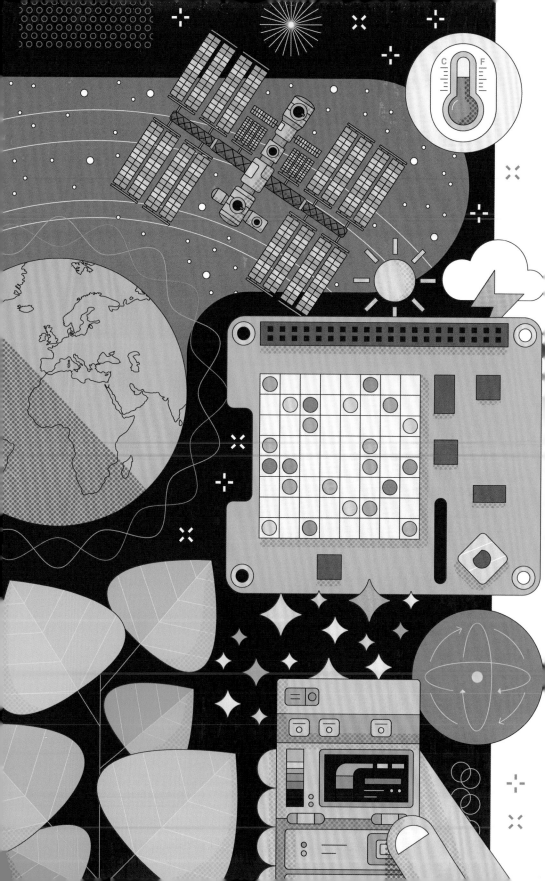

Kapitel 7

Physical Computing mit dem Sense HAT

Der Sense HAT, der sogar auf der Internationalen Raumstation zum Einsatz kommt, ist eine multifunktionale Zusatzplatine für den Raspberry Pi mit eingebauten Sensoren und einer LED-Matrixanzeige

Der Raspberry Pi unterstützt eine spezielle Art von Zusatzplatine namens *Hardware Attached on Top (HAT - „oben angebrachte Hardware")*. HATs können einem Raspberry Pi von Mikrofonen und Lichtern bis hin zu elektronischen Relais und Bildschirmen alles Mögliche hinzufügen. Doch ein bestimmter HAT ist etwas ganz Besonderes: der Sense HAT.

> **WICHTIGER HINWEIS!**
>
> Zum Zeitpunkt der Erstellung dieses Artikels waren weder Scratch 3, noch die Software des Sense HAT-Emulators dahingehend aktualisiert, den Raspberry Pi 5 zu unterstützen. Der Sense HAT-Emulator enthält außerdem zu diesem Zeitpunkt einen Fehler, der verhindert, dass er auf der neuesten Version von Raspberry Pi OS läuft (siehe **rptl.io/sense-emu-fix** für eine teilweise Behelfslösung). Wenn du Probleme hast, suche nach Updates (siehe „Software-Updates" auf Seite 50).

Der Sense HAT wurde speziell für die Weltraummission Astro Pi entwickelt. Astro Pi ist ein gemeinsames Projekt der Raspberry Pi Foundation, der britischen Raumfahrtbehörde und der Europäischen Raumfahrtbehörde. Im Rahmen dieses Projektes wurden Raspberry Pi-Boards und Sense HATs zur Internationalen Raumstation gebracht. Die Sense HATs – von den Astronauten „Ed" und „Izzy" genannt – zur Ausführung von Code und zur Durchführung wissenschaftlicher Experimente verwendet, die von Schulkindern aus ganz Europa beigesteuert werden. Neue, aktualisierte Raspberry Pi Hardware (Raspberry Pi 4 mit den Spitznamen Flora, Fauna und Fungi) wurde 2022 zur ISS geschickt. Wenn du in Europa wohnst und unter 19 Jahre alt bist, kannst du unter **astro-pi.org** herausfinden, wie du deinen eigenen Code und deine eigenen Experimente im Weltraum durchführen kannst.

Die gleiche Sense HAT-Hardware wie auf der ISS findest du auch hier auf der Erde bei allen Raspberry Pi-Händlern. Wenn du im Moment keinen Sense HAT kaufen willst, kannst du ihn auch einfach mithilfe von Software simulieren.

ECHT ODER SIMULIERT

Dieses Kapitel erarbeitest du dir am besten mit einem echten Sense HAT, der an die GPIO-Stiftleiste des Raspberry Pi angeschlossen ist. Wenn du keinen hast, kannst du „Installation des Sense HAT" auf Seite 160 überspringen und die Projekte stattdessen im Sense HAT-Emulator ausprobieren.

Einführung in den Sense HAT

Der Sense HAT (**Abbildung 7-1**) ist ein bedeutsames, multifunktionales Add-on für den Raspberry Pi. Neben einer 8×8-Matrix aus 64 programmierbaren roten, grünen und blauen (RGB) LEDs, die gesteuert werden können, um jede beliebige Farbe aus einem Bereich von Millionen von Farben zu erzeugen, umfasst der Sense HAT einen Fünf-Wege-Joystick-Controller und sechs (oder auf neueren Modellen sieben) On-Board-Sensoren.

Abbildung 7-1   Der Sense HAT

▸ **Gyroskop-Sensor (GYRO)** – Wird verwendet, um Winkeländerungen im Lauf der Zeit zu erfassen, technisch bekannt als *Winkelgeschwindigkeit*. Der Gyroskop-Sensor erkennt, wenn du den Sense HAT um eine seiner drei Achsen drehst – sowie die Geschwindigkeit der Drehung.

- **Beschleunigungsmesser (ACCEL)** – Ähnlich dem Gyroskop-Sensor. Doch statt einen Winkel relativ zur Schwerkraft der Erde zu überwachen, misst er die Beschleunigungskraft in mehrere Richtungen. Wenn du die Messwerte (Daten) der beiden Sensoren kombinierst, kannst du verfolgen, in welche Richtung ein Sense HAT zeigt und wie er bewegt wird.

- **Magnetometer (MAG)** – Misst die Stärke eines Magnetfeldes und ist ein weiterer Sensor, der helfen kann, die Bewegungen des Sense HAT zu verfolgen. Durch Messung des natürlichen Magnetfeldes der Erde kann das Magnetometer die Richtung des magnetischen Nordens ermitteln. Derselbe Sensor kann auch verwendet werden, um metallische Objekte und sogar elektrische Felder zu erkennen. Alle drei Sensoren sind in einem einzigen Chip integriert, der auf der Leiterplatte des Sense HAT mit **ACCEL/GYRO/MAG** beschriftet ist.

- **Feuchtigkeitssensor** – Misst die Menge des Wasserdampfs in der Luft (oder *relative Luftfeuchtigkeit*). Die relative Luftfeuchtigkeit kann zwischen 0 % – wenn gar kein Wasser vorhanden ist – und 100 % – wenn die Luft vollständig gesättigt ist – liegen. Luftfeuchtigkeitsdaten können verwendet werden, um festzustellen, ob es bald regnen wird.

- **Sensor für den barometrischen Druck:** – auch bekannt als *Barometer*. Er misst den Luftdruck. Die meisten Menschen kennen den barometrischen Druck aus der Wettervorhersage, aber das Barometer hat noch eine weitere, geheime Anwendung. Es kann verfolgen, ob du einen Hügel oder Berg hinauf- oder hinuntersteigst, da die Luft dünner wird und der Druck sinkt, je weiter du dich vom Meeresspiegel entfernst.

- **Temperatursensor** – Misst, wie warm oder kalt die Umgebung ist. Die Messung kann davon beeinflusst werden, wie warm oder kalt der Sense HAT selbst ist. Wenn du ihn in einem Gehäuse verwendest, kann es sein, dass deine Messwerte höher sind als erwartet. Der Sense HAT hat keinen separaten Temperatursensor. Stattdessen verwendet er die Temperatursensoren, die in die Feuchte- und Luftdrucksensoren eingebaut sind. Ein Programm kann einen oder beide dieser Sensoren verwenden – ganz wie du willst.

- **Farb- und Helligkeitssensor** – Der Farb- und Helligkeitssensor, den es nur beim Sense HAT V2 gibt, erfasst das Licht um dich herum und meldet dessen Intensität. Das ist ideal für Projekte, bei denen du die LEDs automatisch dimmen und aufhellen möchtest, je nachdem, wie hell dein Raum ist. Der Sensor kann auch verwendet werden, um die Farbe des einfallenden Lichts zu melden. Die Messwerte werden durch das Licht der LED-Matrix des Sense HAT beeinflusst, was du bei der Planung deiner Experimente berücksichtigen solltest. Dies ist der einzige Sensor, den du nicht mit dem Sense HAT-Emulator nachahmen kannst.

SENSE HAT AUF DEM RASPBERRY PI 400

Der Sense HAT ist vollständig kompatibel mit dem Raspberry Pi 400 und kann direkt in die GPIO-Stiftleiste auf der Rückseite eingesteckt werden. So zeigen jedoch die LEDs von dir weg, und die Leiterplatte ist verkehrt herum ausgerichtet.

Um Abhilfe zu schaffen, brauchst du ein GPIO-Verlängerungskabel oder eine GPIO-Leiterplatte. Zu den kompatiblen Erweiterungen gehört die Black HAT Hack3r-Reihe von **pimoroni.com**. Du kannst den Sense HAT mit der Black HAT Hack3r-Leiterplatte selbst verwenden oder einfach das mitgelieferte 40-polige Flachbandkabel als Verlängerung benutzen. Überprüfe jedoch immer die Anweisungen des Herstellers, um sicherzustellen, dass du das Kabel und den Sense HAT richtig herum anschließt!

Installation des Sense HAT

Packe den Sense HAT zunächst aus und vergewissere dich, dass alle Teile vorhanden sind. Neben dem Sense HAT selbst sind vier Metall- oder Plastiksäulen – bekannt als *Abstandshalter* – und acht Schrauben enthalten. Möglicherweise sind auch einige Metallstifte vorhanden, die in einer schwarzen Kunststoffleiste verbaut sind – ähnlich zu den GPIO-Stiften beim Raspberry Pi. Wenn dies der Fall ist, schiebst du die Leiste mit den Metallstiften voran durch die Unterseite des Sense HAT, bis du ein Klicken hörst.

Die Abstandshalter sollen verhindern, dass sich der Sense HAT bei der Verwendung des Joysticks verbiegt oder verformt. Zwar funktioniert der Sense HAT auch ohne Abstandshalter, aber du schützt mit ihnen deinen Sense HAT, den Raspberry Pi und die GPIO-Stiftleiste vor Beschädigung.

Wenn du den Sense HAT mit dem Raspberry Pi Zero 2 W verwendest, kannst du nicht alle vier Abstandshalter nutzen. Außerdem musst du einige Stifte an die GPIO-Stiftleiste löten, es sei denn, du hast dein Board von einem Händler gekauft, der das schon für dich getan hat.

WICHTIGER HINWEIS!

Hardware Attached on Top (HAT)-Module sollten immer nur in die GPIO-Stiftleiste eingesteckt und aus dieser entfernt werden, wenn der Raspberry Pi ausgeschaltet und von der Stromversorgung getrennt ist. Achte bei der Installation immer darauf, den HAT flach zu halten, und überprüfe vor dem Herunterdrücken, ob er mit den GPIO-Stiften ausgerichtet ist.

Installiere die Abstandshalter, indem du vier der Schrauben von der Unterseite des Raspberry Pi aus durch die vier Befestigungslöcher an jeder Ecke nach oben drückst und dann die Abstandshalter auf die Schrauben drehst. Stecke den Sense HAT nun auf die GPIO-Stiftleiste des Raspberry Pi. Achte darauf, dass er richtig mit den Stiften darunter ausgerichtet ist und halte ihn möglichst flach.

Schraube zum Schluss die letzten vier Schrauben durch die Montagelöcher des Sense HAT und in die Abstandshalter, die du zuvor installiert hast. Wenn er richtig installiert ist, sollte der Sense HAT flach und eben sein und sich nicht verbiegen oder wackeln, wenn du auf seinen Joystick drückst.

Schließe den Strom nun wieder an den Raspberry Pi an und du siehst, wie die LEDs auf dem Sense HAT in einem Regenbogenmuster aufleuchten (**Abbildung 7-2**) und wieder ausgehen. Dein Sense HAT ist jetzt installiert!

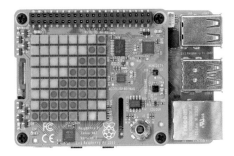

Abbildung 7-2   Ein Regenbogenmuster erscheint, wenn der Strom erstmals eingeschaltet wird

Wenn du den Sense HAT wieder entfernen möchtest, löst du einfach die oberen Schrauben und hebst den HAT ab. Achte darauf, die Stifte der GPIO-Stiftleiste nicht zu verbiegen, da der HAT recht fest sitzt – du musst ihn eventuell mit einem kleinen Schraubendreher abhebeln – und entferne dann die Abstandshalter vom Raspberry Pi.

Um den Sense HAT zu programmieren, brauchst du eine Software, die unter Umständen noch nicht installiert ist. Wenn du Scratch 3 und den Sense HAT-Emulator nicht im Abschnitt **Entwicklung** des Raspberry Pi-Menüs findest, gehe zu Kapitel 3, *Verwendung deines Raspberry Pi* und folge den Anweisungen unter „Recommended Software", um Scratch 3 zu installieren. Folge den Anweisungen unter Anhang B, *Installieren und Deinstallieren von Software*, um den Sense HAT Emulator (**sense-emu-tools**) zu installieren.

Hallo Sense HAT!

Wie bei allen Programmierprojekten beginnt man auch beim Sense HAT gerne
damit, eine Begrüßungsnachricht über die LED-Anzeige laufen zu lassen.
Wenn du den Sense HAT-Emulator verwendest, startest du ihn jetzt, indem du
auf das Raspberry Pi-Symbol klickst, die Kategorie **Entwicklung** wählst und
auf den **Sense HAT Emulator** klickst.

Scratch lässt grüßen

Lade Scratch 3 aus dem Raspberry Pi-Menü. Klicke auf den **Erweiterung hinzufügen**-Button unten links im Scratch-Fenster. Klicke auf die Erweiterung
Raspberry Pi Sense HAT (Abbildung 7-3). Dadurch werden die Blöcke geladen, die du zur Steuerung der verschiedenen Funktionen des Sense HAT, einschließlich deiner LED-Anzeige, benötigst. Du findest sie bei Bedarf in der
Kategorie **Raspberry Pi Sense HAT**.

Beginne mit dem Ziehen eines `Wenn angeklickt wird` **Ereignisse**-Blocks auf
den Skriptbereich und ziehe dann einen `display text Hallo!` -Block direkt darunter. Bearbeite den Text so, dass der Block wie folgt aussieht:
`display text Hallo Welt!` .

Klicke auf die grüne Flagge im Bühnenbereich und beobachte den Sense HAT
oder den Sense HAT-Emulator: Die Nachricht läuft langsam über die LED-Matrix des Sense HAT. Die LED-Pixel leuchten auf, um nacheinander die einzelnen Buchstaben zu bilden (**Abbildung 7-4**). Herzlichen Glückwunsch! Dein
Programm funktioniert.

Abbildung 7-3 Hinzufügen der Raspberry Pi Sense HAT-Erweiterung in Scratch 3

Abbildung 7-4 Deine Nachricht läuft über die LED-Matrix

Jetzt, da du eine einfache Nachricht durchlaufen lassen kannst, ist es an der Zeit zu entscheiden, wie diese Nachricht angezeigt wird. Du kannst nicht nur die Nachricht ändern, sondern auch die Rotation – also wie herum die Nachricht angezeigt wird. Ziehe einen ⬤set rotation to 0 degrees⬤-Block aus der Blockpalette und füge ihn unter ⬤Wenn 🏴 angeklickt wird⬤ und über ⬤display text Hallo Welt!⬤ ein. Klicke auf den Abwärts-Pfeil neben **0** und ändere ihn in **90**.

Klicke auf die grüne Flagge. Du siehst dieselbe Nachricht wie zuvor, aber anstatt von links nach rechts durchzulaufen, läuft sie jetzt von unten nach oben (**Abbildung 7-5**) – Du musst entweder deinen Kopf oder den Sense HAT drehen, um den Text zu lesen!

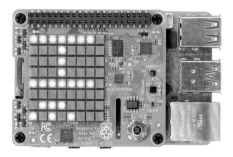

Abbildung 7-5 Diesmal läuft die Nachricht vertikal durch

Ändere nun die Rotation wieder auf 0 und ziehe dann einen `set colour`-Block zwischen `set rotation to 0 degrees` und `display text Hallo Welt!`. Klicke auf die Farbe am Ende des Blocks, um die Farbauswahl von Scratch aufzurufen und ein schön leuchtendes Gelb auszusuchen. Klicke jetzt auf die grüne Flagge, um zu sehen, wie sich die Ausgabe deines Programms verändert hat (**Abbildung 7-6**).

Abbildung 7-6 Ändern der Textfarbe

Zum Schluss ziehst du einen `set background`-Block zwischen `set colour` und `display text Hallo Welt!`. Klicke auf die Farbe, um die Farbauswahl wieder aufzurufen. Diesmal hat die Wahl einer Farbe keinen Einfluss auf die LEDs, aus denen die Botschaft besteht, sondern auf den Hintergrund. Finde ein schönes Blau und klicke dann erneut auf die grüne Flagge. Jetzt erscheint deine Botschaft in leuchtendem Gelb auf blauem Hintergrund. Ändere die Farben, um deine Lieblingskombination zu finden – nicht alle Farben passen gut zusammen!

Du kannst aber nicht nur ganze Nachrichten durchlaufen lassen, sondern auch einzelne Buchstaben anzeigen. Ziehe den `display text Hallo Welt!`-Block aus dem Skriptbereich, um ihn zu löschen, und ziehe stattdessen einen anderen `display character A`-Block an seine Stelle.

Klicke auf die grüne Flagge und du siehst den Unterschied. Dieser Block zeigt immer nur einen Buchstaben auf einmal an und der Buchstabe bleibt auf dem Sense HAT, ohne durchzulaufen oder zu verschwinden – und zwar solange, bis du eine andere Anweisung übermittelst. Für diesen Block gelten die gleichen Farbkontrollblöcke wie für den `display text`-Block. Ändere die Farbe des Buchstabens zu Rot (**Abbildung 7-7**).

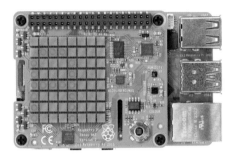

Abbildung 7-7   Anzeigen eines einzelnen Buchstabens

HERAUSFORDERUNG: DIE NACHRICHT WIEDERHOLEN

Kannst du dein Wissen über Schleifen nutzen, um eine scrollende Nachricht zu wiederholen? Kannst du ein Programm erstellen, das ein Wort Buchstabe für Buchstabe mit verschiedenen Farben schreibt?

Python lässt grüßen

Lade Thonny, indem du auf das Raspberry Pi-Symbol klickst, **Entwicklung** wählst und dann auf **Thonny** klickst. Wenn du den Sense HAT-Emulator verwendest und dieser vom Thonny-Fenster verdeckt wird, klickst du auf die Titelleiste eines der beiden Fenster – oben –, hältst die Maustaste gedrückt und verschiebst es auf dem Desktop, bis du beide Fenster sehen kannst.

PYTHON-ZEILENÄNDERUNG

Python-Code, der für einen physischen Sense HAT geschrieben wurde, läuft auf dem Sense HAT-Emulator und umgekehrt, mit nur einem Unterschied. Wenn du den Sense HAT-Emulator mit Python verwendest, musst du die Zeile `from sense_hat import SenseHat` in allen Programmen in diesem Kapitel zu `from sense_emu import SenseHat` ändern. Wenn du sie später wieder mit einem physischen Sense HAT verwenden willst, änderst du die Zeile ganz einfach zurück.

Um den Sense HAT oder den Sense HAT-Emulator in einem Python-Programm zu verwenden, musst du die Sense HAT-Bibliothek importieren. Gib in den Skriptbereich Folgendes ein, und benutze dabei **sense_emu** (anstelle von **sense_hat**), wenn du den Sense HAT-Emulator verwendest:

```
from sense_hat import SenseHat
sense = SenseHat()
```

Die Sense HAT-Bibliothek verfügt über eine einfache Funktion, um eine Nachricht anzunehmen, sie so zu formatieren, dass sie auf dem LED-Display angezeigt werden kann, und sie reibungslos durchlaufen zu lassen. Gib Folgendes ein:

```
sense.show_message("Hallo Welt!")
```

Speichere dein Programm unter **Hallo Sense HAT.py** und klicke dann auf den **Ausführen**-Button. Du wirst sehen, wie deine Nachricht langsam die LED-Matrix des Sense HAT durchläuft, wobei die LED-Pixel aufleuchten und nacheinander die einzelnen Buchstaben bilden (**Abbildung 7-8**). Herzlichen Glückwunsch! Dein Programm funktioniert.

Die Funktion **show_message()** hat aber noch weitere Tricks in petto. Gehe zurück zu deinem Programm und bearbeite die letzte Zeile so:

```
sense.show_message("Hallo Welt!", text_colour=(255, 255, 0),
                back_colour=(0, 0, 255), scroll_speed=(0.05))
```

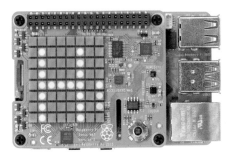

Abbildung 7-8   Nachricht durchläuft die LED-Matrix

Diese zusätzlichen durch Kommas getrennten Anweisungen sind bekannt als *Parameter* und kontrollieren verschiedene Aspekte der Funktion **show_message()**. Der einfachste ist **scroll_speed=()**, mit dem sich die Durchlauf-Geschwindigkeit der Nachricht über den Bildschirm ändern lässt. Ein hier angegebener Wert von 0,05 scrollt etwa doppelt so schnell wie normalerweise. Je größer die Zahl, desto geringer die Geschwindigkeit.

Die Parameter **text_colour=()** und **back_colour=()** – im Gegensatz zu den meisten Python-Anweisungen in britischem Englisch geschrieben – legen die Farbe der Schrift bzw. des Hintergrunds fest. Sie akzeptieren jedoch keine Farbnamen; man muss die gewünschte Farbe in Form von drei Zahlen angeben. Die erste Zahl steht für den Rot-Anteil der Farbe, von 0 für gar kein Rot, bis 255 für ein Maximum an Rot. Die zweite Zahl steht für den Grün-Anteil der Farbe und die dritte Zahl für den Blau-Anteil. Zusammen sind sie bekannt als *RGB* – Rot, Grün und Blau.

Klicke auf das Symbol **Ausführen** und beobachte den Sense HAT. Die Nachricht läuft nun wesentlich schneller durch und erscheint in einem leuchtenden Gelb auf blauem Hintergrund (**Abbildung 7-9**). Ändere die Parameter, um eine Geschwindigkeits- und Farbkombination nach deinem Geschmack zu finden.

Wenn du statt RGB-Werten einfache Farbnamen verwenden möchtest, musst du Variablen erstellen. Über der Zeile **sense.show_message()** fügst du hinzu:

```
yellow = (255, 255, 0)
blue = (0, 0, 255)
```

Gehe zurück zu der Zeile **sense.show_message()** und ändere sie wie folgt:

```
sense.show_message("Hallo Welt!", text_colour=(yellow),
                back_colour=(blue), scroll_speed=(0.05))
```

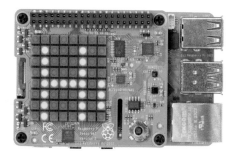

Abbildung 7-9 Ändern der Farbe der Nachricht und des Hintergrunds

Klicke erneut auf das Symbol **Ausführen** und du siehst, dass sich nichts geändert hat. Die Nachricht ist immer noch gelb auf blauem Hintergrund. Diesmal hast du jedoch die Variablennamen verwendet, um deinen Code lesbarer zu machen. Anstelle einer Zahlenfolge erklärt der Code, welche Farbe er einstellt. Du kannst beliebig viele Farben definieren. Füge eine Variable namens **red** mit den Werten 255, 0 und 0, eine Variable namens **white** mit den Werten 255, 255, 255 und eine Variable namens **black** mit den Werten 0, 0 und 0 hinzu.

Du kannst nicht nur ganze Nachrichten scrollen, sondern auch einzelne Buchstaben anzeigen. Lösche die Zeile `sense.show_message()` vollständig und gib an ihrer Stelle Folgendes ein:

`sense.show_letter("A")`

Klicke auf **Ausführen**. Der Buchstabe A erscheint auf der Anzeige des Sense HAT. Diesmal bleibt er dort. Anders als Nachrichten scrollen einzelne Buchstaben nicht automatisch. Du kannst `sense.show_letter()` mit den gleichen Farbparametern wie `sense.show_message()` steuern. Ändere die Farbe des Buchstabens zu Rot (**Abbildung 7-7**).

 HERAUSFORDERUNG: DIE NACHRICHT WIEDERHOLEN

Kannst du dein Wissen über Schleifen nutzen, um eine scrollende Nachricht zu wiederholen? Kannst du ein Programm erstellen, das ein Wort Buchstabe für Buchstabe in verschiedenen Farben buchstabiert?

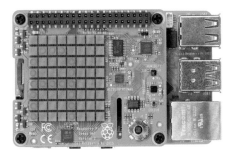

Abbildung 7-10   Anzeigen eines einzelnen
Buchstabens

Nächste Schritte: Zeichnen mit Licht

Die LED-Anzeige des Sense HAT ist nicht nur für Nachrichten gedacht. Du kannst auch Bilder anzeigen. Jede LED kann wie ein einzelnes Pixel eines Bildes deiner Wahl behandelt werden. Pixel ist die Kurzform von „Picture Element" (*Bildelement*). Damit kannst du deine Programme mit Bildern und sogar Animationen aufpeppen.

Um mit Licht zu zeichnen, musst du jedoch in der Lage sein, einzelne LEDs anzusteuern. Dazu musst du verstehen, wie die LED-Matrix des Sense HAT aufgebaut ist. Anschließend kannst du ein Programm schreiben, das die richtigen LEDs ein- oder ausschaltet.

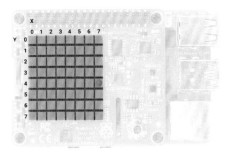

Abbildung 7-11   LED-Matrix-Koordinatensystem

Es gibt acht LEDs in jeder Zeile des Displays und acht in jeder Spalte (**Abbildung 7-11**). Beim Zählen der LEDs solltest du jedoch – wie bei den meisten Programmiersprachen – bei 0 beginnen und bei 7 enden. Die erste LED befindet sich in der oberen linken Ecke, die letzte in der unteren rechten. Anhand der Zahlen aus den Zeilen und Spalten kannst du die *Koordinaten* einer beliebigen LED auf der Matrix finden. Die blaue LED in der abgebildeten Matrix befindet sich an den Koordinaten 0, 1 und die rote LED an den Koordinaten 7, 4. Der erste Wert bezieht sich auf die X-Achse, die von links nach rechts ansteigt, der zweite auf die Y-Achse, deren Werte senkrecht nach unten ansteigen.

Beim Planen von Bildern, die mit dem Sense HAT gezeichnet werden sollen, kann es hilfreich sein, sie von Hand auf gerastertem Papier zu zeichnen, oder du kannst das mit einer Tabellenkalkulation wie LibreOffice Calc machen.

Bilder in Scratch

Starte ein neues Projekt in Scratch – speichere davor dein bestehendes Projekt, wenn du es behalten willst. Wenn du die Projekte in diesem Kapitel durchgearbeitet hast, bleibt die Raspberry Pi Sense HAT-Erweiterung in Scratch 3 geladen. Wenn du Scratch 3 seit deinem letzten Projekt geschlossen und wieder geöffnet hast, lädst du die Erweiterung über den **Erweiterung hinzufügen**-Button. Ziehe einen (Wenn ⚑ angeklickt wird) **Ereignisse**-Block in den Skriptbereich und ziehe dann einen (set background)- und einen (set colour)-Block darunter. Bearbeite beide, um die Hintergrundfarbe (background) auf Schwarz und die Anzeigefarbe (colour) auf Weiß zu setzen. Schwarz bekommst du, indem du die Schieberegler **Helligkeit** und **Sättigung** auf 0 setzt, und Weiß, indem du die **Helligkeit** auf 100 und die **Sättigung** auf 0 stellst. Dies musst du zu Beginn jedes Sense HAT-Programms tun, sonst verwendet Scratch einfach die von dir zuletzt gewählten Farben – auch wenn du diese in einem anderen Programm gewählt hattest. Ziehe zum Schluss noch einen (display raspberry)-Block an den unteren Rand deines Programms.

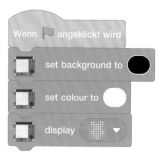

Klicke auf die grüne Flagge. Du siehst jetzt, wie die LEDs des Sense HAT in Form einer Himbeere (engl. raspberry) aufleuchten (**Abbildung 7-12**).

 WICHTIGER HINWEIS

Wenn die LEDs hellweiß sind, wie in diesem Codebeispiel, solltest du nicht direkt in sie hineinschauen – ihre Helligkeit könnte deinen Augen schaden.

Abbildung 7-12 Anzeige der Himbeerform mit Scratch

Natürlich bist du nicht auf die voreingestellte Himbeerform beschränkt. Klicke auf den Abwärts-Pfeil neben der Himbeere, um den Zeichenmodus zu aktivieren. Du kannst jede LED im Muster einzeln anklicken, um sie ein- oder auszuschalten, während die beiden Buttons am unteren Rand alle LEDs ein- oder ausschalten. Versuche jetzt, ein eigenes Motiv zu zeichnen, und klicke dann auf die grüne Flagge, um es auf dem Sense HAT zu sehen. Versuche auch, die Farbe und die Hintergrundfarbe mithilfe der Blöcke darüber zu ändern.

Wenn du fertig bist, ziehst du die drei Blöcke in die Blockpalette, um sie zu löschen, und platzierst einen `clear display`-Block unter `Wenn 🏴 angeklickt wird`. Klicke auf die grüne Flagge und alle LEDs schalten sich aus.

Um ein Bild zu erstellen, musst du in der Lage sein, einzelne Pixel zu steuern und ihnen unterschiedliche Farben zu geben. Dies kannst du tun, indem du angepasste `display raspberry`-Blöcke mit `set colour`-Blöcken verkettest, oder du behandelst jedes Pixel einzeln. Versuche, deine eigene Version der LED-Matrix zu erstellen, die am Anfang dieses Abschnitts abgebildet ist. Zwei speziell ausgewählte LEDs leuchten rot und blau auf. Lass den `clear display`-Block oben in deinem Programm stehen und ziehe einen `set background`-Block darunter. Ändere den `set background`-Block auf Schwarz und ziehe dann zwei `set pixel x 0 y 0`-Blöcke darunter. Bearbeite diese Blöcke schließlich wie angezeigt.

Klicke auf die grüne Flagge und du siehst, dass deine LEDs entsprechend dem Matrixbild aufleuchten (**Abbildung 7-13**). Herzlichen Glückwunsch! Du bist jetzt in der Lage, einzelne LEDs zu steuern.

Bearbeite die vorhandenen Pixelblöcke (set pixel) wie folgt, und ziehe weitere darunter, um dein Bild fertigzustellen.

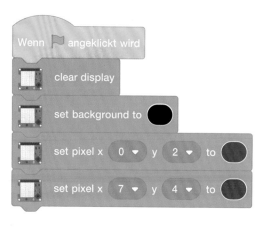

Bevor du auf die grüne Flagge klickst, schau, ob du anhand der von dir verwendeten LED-Matrix-Koordinaten erraten kannst, was für ein Bild erscheinen wird. Führe jetzt dein Programm aus und schau, ob du Recht hast.

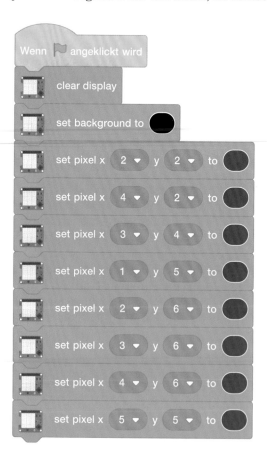

Bilder in Python

Starte ein neues Programm in Thonny und speichere es als Sense HAT-Zeichnung. Gib dann den folgenden Code ein, und benutze dabei **sense_emu** (anstelle von **sense_hat**), wenn du den Emulator verwendest:

```
from sense_hat import SenseHat
sense = SenseHat()
```

Denke daran, dass du diese beiden Zeilen immer in deinem Programm benötigst, um den Sense HAT verwenden zu können. Gib als Nächstes Folgendes ein:

```
sense.clear(255, 255, 255)
```

Schau nicht direkt auf die LEDs des Sense HAT und klicke auf das Symbol **Ausführen**. Sie sollten jetzt alle grell weiß leuchten (**Abbildung 7-13**) – deshalb solltest du bei Ausführung des Programms vermeiden, direkt auf die Matrix zu schauen.

Abbildung 7-13   Alle LEDs einschalten

Die Anweisung **sense.clear()** ist so konzipiert, dass die LEDs aller vorherigen Programmierungen gelöscht werden; sie akzeptiert aber RGB-Farbparameter. Das heißt, du kannst die Anzeige auf jede beliebige Farbe umstellen. Bearbeite die Zeile:

```
sense.clear(0, 255, 0)
```

Klicke auf **Ausführen**, und der Sense HAT wird hellgrün (**Abbildung 7-14**). Experimentiere mit verschiedenen Farben, oder füge die Farbnamen-Variablen hinzu, die du für dein Hallo-Welt-Programm erstellt hast, um die Lesbarkeit zu verbessern.

Abbildung 7-14   Die LED-Matrix leuchtet hellgrün

Um die LEDs auszublenden, musst du die RGB-Werte für Schwarz verwenden: 0 rot, 0 blau und 0 grün. Es gibt aber einen noch einfacheren Weg. Bearbeite die Zeile deines Programms, damit sie so aussieht:

```
sense.clear()
```

Der Sense HAT wird dunkel. Dies liegt daran, dass die Funktion **sense.clear()**, bei der nichts zwischen den Klammern steht, gleichbedeutend ist mit der Anweisung, alle LEDs auf Schwarz zu schalten – d. h. sie auszuschalten (**Abbildung 7-15**). Wenn deine Programme die LEDs vollständig ausblenden müssen, ist das die beste Funktion dafür.

Um deine eigene Version der oben in diesem Kapitel abgebildeten LED-Matrix mit zwei gezielt ausgewählten LEDs, die rot und blau leuchten, zu erstellen, fügst du deinem Programm nach **sense.clear()** folgende Zeilen hinzu:

```
sense.set_pixel(0, 2, (0, 0, 255))
sense.set_pixel(7, 4, (255, 0, 0))
```

Das erste Zahlenpaar ist die Position des Pixels auf der Matrix, wobei die X-Achse (waagrecht) von der Y-Achse (senkrecht) gefolgt wird. Das zweite, in

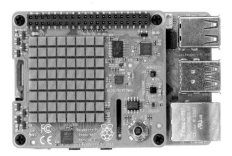

Abbildung 7-15 Verwende die Funktion
`sense.clear` zum Ausschalten aller LEDs

einem eigenen Satz von Klammern, sind die RGB-Werte für die Farbe des Pixels. Klicke auf den **Ausführen**-Button und du siehst den Effekt: Zwei LEDs an deinem Sense HAT leuchten auf, genau wie in **Abbildung 7-11**.

Lösche diese beiden Zeilen und gib Folgendes ein:

```
sense.set_pixel(2, 2, (0, 0, 255))
sense.set_pixel(4, 2, (0, 0, 255))
sense.set_pixel(3, 4, (100, 0, 0))
sense.set_pixel(1, 5, (255, 0, 0))
sense.set_pixel(2, 6, (255, 0, 0))
sense.set_pixel(3, 6, (255, 0, 0))
sense.set_pixel(4, 6, (255, 0, 0))
sense.set_pixel(5, 5, (255, 0, 0))
```

Bevor du auf **Ausführen** klickst, schaust du dir die Koordinaten an und vergleichst sie mit der Matrix. Errätst du, welches Bild diese Anweisungen zeichnen werden? Klicke auf **Ausführen**, um herauszufinden, ob du Recht hast.

Ein detailliertes Bild mit einzelnen **set_pixel()**-Funktionen zu zeichnen ist ein langwieriger Prozess. Damit es schneller geht, kannst du mehrere Pixel gleichzeitig ändern. Lösche alle **set_pixel()**-Zeilen und gib Folgendes ein:

```
g = (0, 255, 0)
b = (0, 0, 0)
creeper_pixels = [
    g, g, g, g, g, g, g, g,
    g, g, g, g, g, g, g, g,
    g, b, b, g, g, b, b, g,
    g, b, b, g, g, b, b, g,
```

```
    g,  g,  g,  b,  b,  g,  g,  g,
    g,  g,  b,  b,  b,  b,  g,  g,
    g,  g,  b,  b,  b,  b,  g,  g,
    g,  g,  b,  g,  g,  b,  g,  g
]
sense.set_pixels(creeper_pixels)
```

Das war jetzt ganz schön viel, aber klicke auf **Ausführen**, um zu sehen, ob du einen kleinen Creeper erkennen kannst. Die ersten beiden Zeilen erzeugen zwei Variablen, die für die Farben stehen: Grün und Schwarz. Um den Code für die Zeichnung leichter schreib- und lesbar zu machen, sind die Variablen einzelne Buchstaben: **g** für Grün und **b** für Black (schwarz).

Der nächste Code-Block erzeugt eine Variable, die Farbwerte für alle 64 Pixel auf der LED-Matrix enthält. Sie sind durch Kommas getrennt und stehen in eckigen Klammern. Anstelle von Zahlen verwendet der Block jedoch die Farbvariablen, die du zuvor erstellt hast. Schau genau hin und denke daran, dass **g** für Grün und **b** für Schwarz steht, und du kannst bereits das Bild sehen, das erscheinen wird (**Abbildung 7-16**).

Schließlich nimmt **sense.set_pixels(creeper_pixels)** diese Variable und verwendet die **sense.set_pixels()**-Funktion, um die gesamte Matrix auf einmal zu zeichnen. Das ist ein ganzes Stück einfacher, als Pixel für Pixel zu zeichnen.

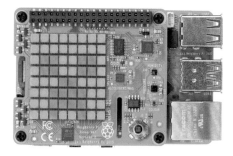

Abbildung 7-16   Anzeigen eines Bildes auf der Matrix

Du kannst Bilder auch drehen und spiegeln – entweder um sie in der richtigen Position zu zeigen – wenn dein Sense HAT umgedreht wird, oder um einfache Animationen aus einem einzelnen asymmetrischen Bild zu erstellen.

Beginne mit der Bearbeitung der Variablen **creeper_pixels**, um sein linkes Auge zu schließen. Ersetze hierfür die dazugehörigen vier **b**-Pixel durch **g** –

beginnend mit den ersten beiden in der dritten Zeile und dann den ersten beiden in der vierten Zeile:

```
creeper_pixels = [
    g, g, g, g, g, g, g, g,
    g, g, g, g, g, g, g, g,
    g, g, g, g, g, b, b, g,
    g, g, g, g, g, b, b, g,
    g, g, g, b, b, g, g, g,
    g, g, b, b, b, b, g, g,
    g, g, b, b, b, b, g, g,
    g, g, b, g, g, b, g, g
]
```

Klicke auf **Ausführen** und du wirst sehen, wie sich das linke Auge des Creepers schließt (**Abbildung 7-17**). Um eine Animation zu erstellen, gehst du zum Anfang des Programms und fügst folgende Zeile hinzu:

```
from time import sleep
```

Gehe dann nach unten und gib Folgendes ein:

```
while True:
    sleep(1)
    sense.flip_h()
```

Klicke auf **Ausführen** und beobachte, wie der Creeper mit den Augen blinzelt, eins nach dem anderen!

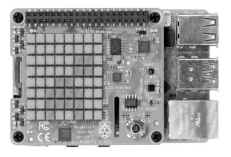

Abbildung 7-17   Anzeigen einer einfachen Zwei-Bild-Animation

Die Funktion **flip_h()** spiegelt ein Bild auf der horizontalen Achse. Wenn du ein Bild auf der vertikalen Achse spiegeln willst, ersetze **sense.flip_h()** durch **sense.flip_v()**. Du kannst ein Bild auch um 0, 90, 180 oder 270 Grad drehen, indem du **sense.set_rotation(90)** verwendest und die der Funktion zugehörige Zahl änderst, je nachdem, um wie viel Grad du das Bild drehen willst. Versuche, dies zu nutzen, damit sich der Creeper umdreht anstatt zu blinzeln.

HERAUSFORDERUNG: NEUE ENTWÜRFE

Kannst du weitere Bilder und Animationen entwerfen? Besorge dir Millimeter- oder Gitterpapier und plane dein Bild damit zunächst von Hand, um das Schreiben der Variable zu erleichtern. Kannst du ein Bild zeichnen und dann die Farben ändern? Tipp: Du kannst Variablen auch ändern, wenn du sie schon einmal verwendet hast.

Die Welt um dich herum wahrnehmen

Die wahre Stärke des Sense HAT liegt in seinen verschiedenen Sensoren. Diese ermöglichen es dir, alle möglichen Messwerte zu erfassen – angefangen von Temperatur, bis hin zu Beschleunigung – und in deinen Programmen beliebig zu verwenden.

EMULATION DER SENSOREN

Wenn du den Sense HAT-Emulator verwendest, musst du die Trägheits- und Umgebungssensor-Simulation aktivieren. Klicke im Emulator auf **Edit**, dann auf **Preferences** und aktiviere sie. Im gleichen Menü wählst du **180°..360°|0°..180°** unter **Orientation Scale**, um sicherzustellen, dass die Zahlen im Emulator mit den von Scratch und Python gemeldeten übereinstimmen. Klicke dann auf den Schließen-Button.

Umweltsensorik

Der barometrische Drucksensor, der Luftfeuchtigkeitssensor und der Temperatursensor sind Umweltsensoren: Sie nehmen Messungen aus der Umgebung des Sense HAT vor.

Umweltsensorik in Scratch

Starte in Scratch ein neues Programm. Speichere vorher dein altes, wenn du möchtest, und füge die **Raspberry Pi Sense HAT**-Erweiterung hinzu, falls sie noch nicht geladen ist. Ziehe einen `Wenn` 🏁 `angeklickt wird` **Ereignisse**-Block in den Skriptbereich, dann einen `clear display`-Block und darunter einen `set background to black`-Block. Füge einen `set colour to white`-Block hinzu. Verwende die Schieberegler **Helligkeit** und **Sättigung**, um die richtige Farbe auszuwählen. Es ist immer eine gute Idee, dies zu Beginn deiner Programme zu tun, um dafür zu sorgen, dass der Sense HAT nichts aus einem alten Programm anzeigt und die richtigen Farben einsetzt. Ziehe einen **sage Hallo! für 2 Sekunden** **Aussehen**-Block direkt unter die vorhandenen Blöcke. Um einen Messwert vom Drucksensor auszulesen, suchst du den **pressure**-Block in der Kategorie **Raspberry Pi Sense HAT** und ziehst ihn auf das Wort „**Hallo!**" in deinem **sage Hallo! für 2 Sekunden** -Block.

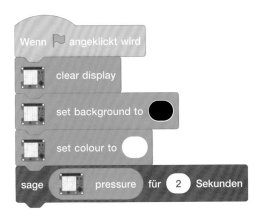

Klicke auf die grüne Flagge und die Scratch-Katze zeigt dir den aktuellen Messwert des Drucksensors in *Millibar*. Nach zwei Sekunden wird die Nachricht ausgeblendet. Puste auf den Sense HAT (oder den **Pressure**-Schieberegler im Emulator nach oben zu bewegen) und klicke auf die grüne Flagge, um das Programm erneut zu starten. Diesmal solltest du einen höheren Messwert sehen (**Abbildung 7-18**).

WERTE ÄNDERN

Wenn du den Sense HAT-Emulator verwendest, kannst du die von jedem der nachgeahmten Sensoren gemeldeten Werte mithilfe seiner Schieberegler und Buttons ändern. Schiebe die Drucksensoreinstellung nach unten und klicke dann erneut auf die grüne Flagge.

Um auf den Luftfeuchtigkeitssensor umzuschalten, löschst du den **pressure** -Block und ersetzt ihn durch **humidity** . Starte das Programm erneut. Die aktuelle relative Luftfeuchtigkeit des Raums wird angezeigt. Auch hier kannst du versuchen, das Programm erneut auszuführen, während du auf den Sense HAT pustest (oder den **Humidity**-Schieberegler des Emulators nach oben schiebst), um den Messwert zu ändern (**Abbildung 7-19**) – dein Atem enthält überraschend viel Feuchtigkeit!

Um den Wert des Temperatursensors zu bekommen, löschst du einfach den **humidity**-Block, ersetzt ihn durch **temperature** und führst dann dein Pro-

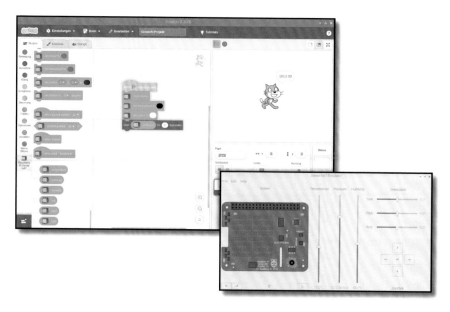

Abbildung 7-18   Anzeigen des Drucksensorwerts

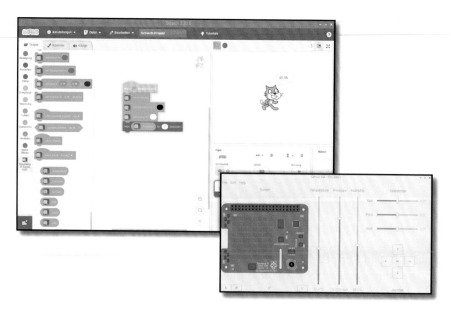

Abbildung 7-19   Anzeigen des Messwerts vom Luftfeuchtigkeitssensor

gramm erneut aus. Du siehst eine Temperatur in Grad Celsius (**Abbildung 7-20**). Dies ist aber nicht unbedingt die tatsächliche Temperatur deines Zimmers. Der Raspberry Pi erzeugt während des Betriebs Wärme, wodurch sich der Sense HAT und seine Sensoren ebenfalls erwärmen.

HERAUSFORDERUNG: BILDLAUF UND SCHLEIFEN

Kannst du dein Programm so ändern, dass es von jedem der Sensoren der Reihe nach eine Messung abliest und die Messwerte dann über die LED-Matrix scrollen lässt, anstatt sie im Bühnenbereich auszugeben? Kannst du deine Programmschleife so gestalten, dass sie ständig die aktuellen Umgebungsbedingungen ausgibt?

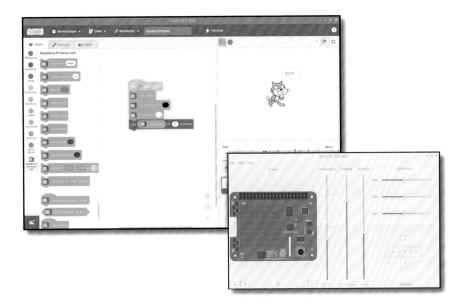

Abbildung 7-20   Anzeigen des Messwerts des Temperatursensors

Umweltsensorik in Python

Um mit der Messung von Sensoren zu beginnen, erstellst du in Thonny ein neues Programm und speicherst es unter **Sense HAT-Sensoren.py**. Gib Folgendes in den Skriptbereich ein – du musst dies jedes Mal tun, wenn du den Sense HAT verwendest – und denke daran, **sense_emu** zu verwenden, wenn du den Emulator benutzt:

```
from sense_hat import SenseHat
sense = SenseHat()
sense.clear()
```

Es ist ratsam, **sense.clear()** am Anfang deiner Programme einzufügen – nur für den Fall, dass auf dem Display des Sense HAT noch etwas vom zuletzt ausgeführten Programm angezeigt wird.

Um einen Messwert vom Drucksensor auszulesen, gibst du Folgendes ein:

```
pressure = sense.get_pressure()
print(pressure)
```

Klicke auf **Ausführen**. Du siehst, wie in der Python-Shell am unteren Rand des Thonny-Fensters eine Zahl ausgegeben wird. Das ist der vom Sensor für den barometrischen Druck ermittelte Luftdruckwert in *Millibar* (**Abbildung 7-21**).

WERTE ÄNDERN

Wenn du den Sense HAT-Emulator verwendest, kannst du die von jedem der nachgeahmten Sensoren gemeldeten Werte mithilfe seiner Schieberegler und Buttons ändern. Schiebe die Drucksensoreinstellung nach unten, und klicke dann erneut auf **Ausführen**.

Puste auf den Sense HAT (oder bewege den **Pressure**-Schieberegler im Emulator nach oben), während du erneut auf das **Ausführen**-Symbol klickst. Diesmal sollte die Zahl höher sein.

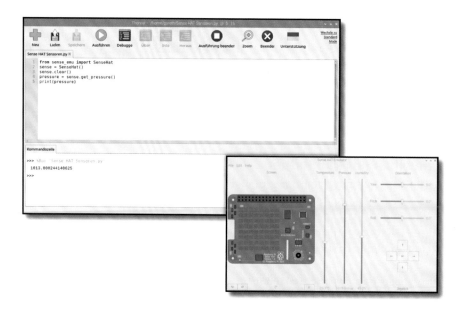

Abbildung 7-21   Ausgabe eines Luftdruckwerts vom Sense HAT

Um auf den Luftfeuchtigkeitssensor umzuschalten, entfernst du die letzten beiden Zeilen des Codes und ersetzt sie durch:

```
humidity = sense.get_humidity()
print(humidity)
```

Klicke auf **Ausführen** und du siehst die Ausgabe einer weiteren Zahl in der Python-Shell. Dieses Mal ist es die aktuelle relative Luftfeuchtigkeit des Raums in Prozent. Auch hier kannst du auf den Sense HAT pusten (oder den **Humidity**-Schieberegler des Emulators nach oben schieben) und beobachten, wie der Wert steigt, wenn du das Programm erneut ausführst (**Abbildung 7-22**) – dein Atem enthält überraschend viel Feuchtigkeit!

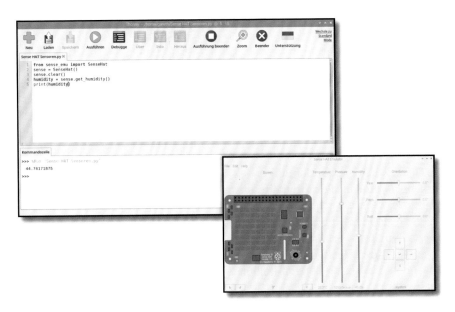

Abbildung 7-22   Anzeigen des Messwerts des Luftfeuchtigkeitssensors

Für den Temperatursensor entfernst du die letzten beiden Zeilen deines Programms und ersetzt sie durch folgende:

```
temp = sense.get_temperature()
print(temp)
```

Klicke erneut auf **Ausführen** und du siehst eine Temperatur in Grad Celsius (**Abbildung 7-23**). Dies ist aber nicht unbedingt die tatsächliche Temperatur deines Raums – Der Raspberry Pi erzeugt während des Betriebs Wärme, wodurch sich der Sense HAT und seine Sensoren ebenfalls erwärmen.

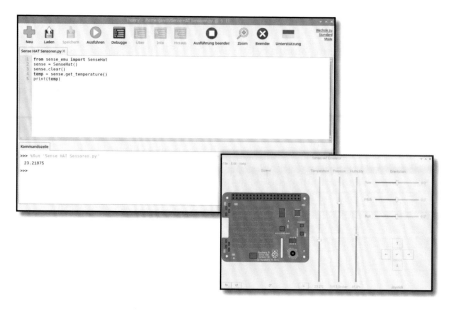

Abbildung 7-23   Anzeigen der aktuellen Temperaturmessung

Normalerweise meldet der Sense HAT die Temperatur anhand des Temperatursensors, der im Feuchtigkeitssensor eingebaut ist. Wenn du stattdessen den Messwert des Drucksensors verwenden möchtest, solltest du **sense.get_temperature_from_pressure()** verwenden. Es ist auch möglich, die beiden Messwerte zu kombinieren, um einen Mittelwert zu erhalten, der unter Umständen genauer ist als bei der Verwendung nur einer der beiden Sensoren. Lösche die letzten beiden Zeilen deines Programms und gib Folgendes ein:

```
htemp = sense.get_temperature()
ptemp = sense.get_temperature_from_pressure()
temp = (htemp + ptemp) / 2
print(temp)
```

Klicke auf **Ausführen**. Du siehst eine Zahl, die auf der Python-Konsole ausgegeben wird (**Abbildung 7-24**). Diesmal basiert sie auf den Messwerten beider Sensoren, die du addiert und durch zwei (die Anzahl der Messwerte) geteilt hast, um einen Mittelwert aus beiden zu berechnen. Wenn du den Emulator verwendest, zeigen alle drei Methoden – Feuchtigkeit, Druck und Durchschnitt – den gleichen Wert an.

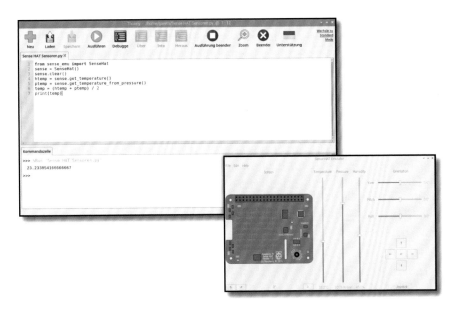

Abbildung 7-24 Eine auf den Messwerten beider Sensoren basierende Temperatur

HERAUSFORDERUNG: BILDLAUF UND SCHLEIFEN

Kannst du dein Programm so ändern, dass du von jedem der Sensoren der Reihe nach eine Messung vornimmst und diese dann über die LED-Matrix scrollen lässt, anstatt sie in der Shell auszugeben? Kannst du deine Programmschleife so gestalten, dass sie ständig die aktuellen Umgebungsbedingungen ausgibt?

Trägheitssensorik

Der Gyroskop-Sensor, der Beschleunigungsmesser und das Magnetometer bilden zusammen eine sogenannte *inertiale Messeinheit (Inertial Measurement Unit, IMU)*. Während diese Sensoren technisch gesehen genau wie die Umgebungssensoren Messungen aus der Umgebung vornehmen (das Magnetometer beispielsweise misst die Magnetfeldstärke), werden sie normalerweise für Daten über die Bewegung des Sense HAT selbst verwendet. Die IMU ist die Summe aus mehreren Sensoren. Manche Programmiersprachen ermöglichen es, die Messwerte von jedem Sensor unabhängig voneinander zu erfassen, während andere nur einen kombinierten Messwert liefern.

Bevor du dir jedoch einen Überblick über die IMU verschaffen kannst, musst du verstehen, wie Bewegungen erfolgen. Der Sense HAT (und der Raspberry

Pi, an dem er befestigt ist), kann sich entlang dreier räumlicher Achsen bewegen: seitwärts auf der X-Achse, vorwärts und rückwärts auf der Y-Achse und aufwärts und abwärts auf der Z-Achse (**Abbildung 7-25**). Er kann sich auch entlang der gleichen drei Achsen drehen, wobei die Bewegungen unterschiedliche Namen haben. Die Drehung um die X-Achse heißt *roll* (Rollen), die Drehung um die Y-Achse heißt *pitch* (Nicken) und die Drehung um die Z-Achse heißt *yaw* (Gieren). Wenn du den Sense HAT entlang seiner kurzen Achse drehst, änderst du das „Nicken" (die Neigung). Die Drehung entlang seiner langen Achse ist das „Rollen". Ein Drehen im Kreis, während er flach auf dem Tisch liegt, wird als „Gieren" bezeichnet. Wenn du ihn drehst, während du ihn flach auf dem Tisch hältst, stellst du das Gieren ein. Stell dir das wie ein Flugzeug vor: Wenn es abhebt, erhöht es seinen Neigewinkel, um zu steigen. Wenn es eine Siegesrolle vollführt, dreht es sich buchstäblich um seine Rollachse. Wenn es sich mithilfe seines Seitenruders wie ein Auto dreht, ohne zu rollen, nennt man das „Gieren".

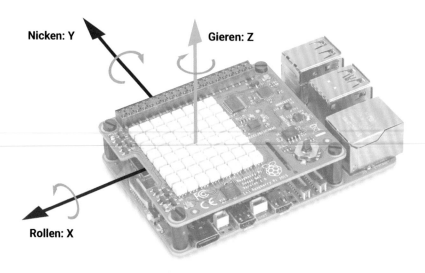

Abbildung 7-25   Die räumlichen Axen der Sense HAT IMU

Trägheitssensorik in Scratch

Starte ein neues Programm in Scratch und lade die Erweiterung **Raspberry Pi Sense HAT**, falls sie noch nicht geladen ist. Starte dein Programm auf die gleiche Weise wie zuvor: Ziehe einen `Wenn  angeklickt wird` Ereignisse-Block in deinen Skriptbereich, ziehe dann einen `clear display`-Block darunter, gefolgt vom Ziehen und Bearbeiten eines `set background to black`- und eines `set colour to white`-Blocks. Als Nächstes ziehst du einen `wiederhole fortlaufend`-Block an den unteren Rand deiner bestehenden Blöcke und füllst ihn mit einem `sage Hallo!`-Block. Um einen Messwert für jede der drei Achsen der IMU – Nicken, Rollen und Gieren – anzuzeigen, musst du verbinde Operatoren-Blöcke und die entsprechenden **Raspberry Pi Sense HAT**-Blöcke hinzufügen. Denke daran, Leerzeichen und Kommas einzufügen, damit die Ausgabe gut lesbar ist.

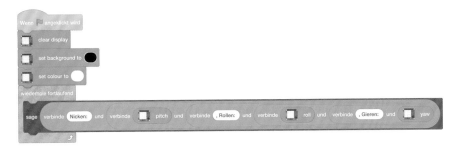

Klicke auf die grüne Flagge, um dein Programm zu starten, und bewege Sense HAT und Raspberry Pi – achte darauf, keine Kabel vom Raspberry Pi zu trennen! Wenn du den Sense HAT entlang seiner drei Achsen kippst, wirst du sehen, wie sich die Werte für Nicken (Neigung), Rollen und Gieren entsprechend ändern (**Abbildung 7-26**).

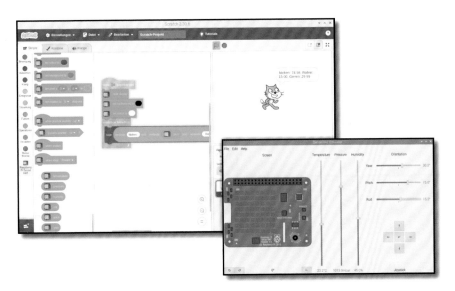

Abbildung 7-26   Anzeige der Nick-, Roll- und Gierwerte

Trägheitssensorik in Python

Starte ein neues Programm in Thonny und speichere es als **Sense HAT-Bewegung.py**. Beginne dein Programm mit den üblichen Anfangszeilen und denke an, **sense_emu**, wenn du den Sense HAT-Emulator benutzt:

```
from sense_hat import SenseHat
sense = SenseHat()
sense.clear()
```

Gib Folgendes ein, um anhand der Informationen von der IMU die aktuelle
Ausrichtung des Sense HAT auf seinen drei Achsen zu ermitteln:

```
orientation = sense.get_orientation()
pitch = orientation["pitch"]
roll = orientation["roll"]
yaw = orientation["yaw"]
print("Nicken {0} Rollen {1} Gieren {2}".format(pitch, roll, yaw))
```

Klicke auf **Ausführen** und du siehst die Messwerte für die Ausrichtung des
Sense HAT, aufgeteilt auf die drei Achsen (**Abbildung 7-27**). Drehe den Sense
HAT und klicke erneut auf **Ausführen**. Du solltest sehen, dass sich die Zahlen
ändern und die neue Ausrichtung widerspiegeln.

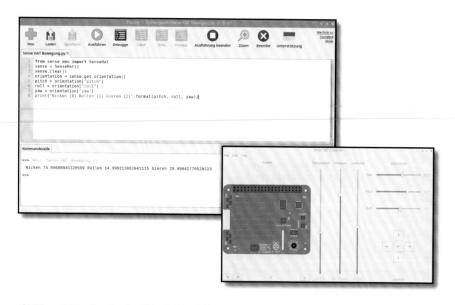

Abbildung 7-27   Anzeige der Nick-, Roll- und Gierwerte des Sense HAT

Die IMU kann jedoch mehr, als nur die Orientierung zu messen – Sie kann
auch Bewegungen erkennen. Um genaue Messwerte für die Bewegung zu erhalten, muss die IMU mit einer Schleife häufig abgelesen werden. Eine einzelne Messung gibt dir keine nützlichen Informationen, wenn es darum geht,
Bewegungen zu erkennen. Lösche alles nach **sense.clear()** und gib dann
den folgenden Code ein:

```
while True:
```

```
acceleration = sense.get_accelerometer_raw()
x = acceleration["x"]
y = acceleration["y"]
z = acceleration["z"]
```

Du verfügst jetzt über Variablen, die die aktuellen Beschleunigungsmesswerte für die drei Raumachsen enthalten: X, oder links und rechts, Y, oder vorwärts und rückwärts, und Z, oder oben und unten. Die Zahlen des Beschleunigungssensors können schwer zu lesen sein. Gib also Folgendes ein, um sie durch Runden auf die nächste ganze Zahl leserlicher zu machen:

```
x = round(x)
y = round(y)
z = round(z)
```

Zeige schließlich die drei Werte an, indem du die folgende Zeile eingibst:

```
print("x={0}, y={1}, z={2}".format(x, y, z))
```

Klicke auf **Ausführen**, um die Werte des Beschleunigungsmessers im Python-Shell-Bereich (**Abbildung 7-28**) auszugeben. Im Gegensatz zu den Werten aus deinem vorherigen Programm werden diese kontinuierlich ausgegeben. Wenn du die Ausgabe beenden möchtest, klickst du auf den roten **Ausführung beenden**-Button, um das Programm zu stoppen.

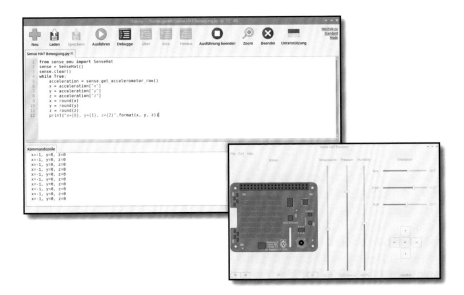

Abbildung 7-28 Auf die nächste ganze Zahl gerundete Ablesungen für den Beschleunigungsmesser

Vielleicht hast du bemerkt, dass der Beschleunigungsmesser dir meldet, dass eine der Achsen – die Z-Achse, wenn der Raspberry Pi flach auf dem Tisch liegt – einen Beschleunigungswert von 1,0 Erdbeschleunigungen (1G) hat, obwohl der Sense HAT sich nicht bewegt. Das liegt daran, dass er die Anziehungskraft der Erde erkennt – also die Kraft, die den Sense HAT zum Erdmittelpunkt hinunterzieht. Diese Kraft ist auch der Grund dafür dass etwas zu Boden fällt, wenn du es vom Schreibtisch stößt.

Hebe Sense HAT und Raspberry Pi bei laufendem Programm auf und drehe sie hin und her, aber achte darauf, keines der angeschlossenen Kabel abzuziehen! Wenn die Netzwerk- und USB-Anschlüsse des Raspberry Pi auf den Boden zeigen, siehst du, wie sich die Werte ändern, sodass die Z-Achse 0G und die X-Achse jetzt 1G anzeigt. Drehe ihn noch einmal so, dass die HDMI- und Stromanschlüsse zum Boden zeigen. Jetzt siehst du, dass die Y-Achse 1G anzeigt. Wenn du den Raspberry Pi stattdessen so ausrichtest, dass der HDMI-Anschluss zur Decke zeigt, siehst du -1G auf der Y-Achse.

Wenn man weiß, dass die Schwerkraft der Erde etwa 1G beträgt, und mit den räumlichen Achsen vertraut ist, kann man mit den Messwerten des Beschleunigungsmessers herausfinden, was unten und was oben ist. Auch Bewegungserkennung ist damit möglich. Schüttele den Sense HAT und den Raspberry Pi vorsichtig. Beobachte die Zahlen: Je stärker du schüttelst, desto größer ist die Beschleunigung.

Wenn du **sense.get_accelerometer_raw()** verwendest, weist du den Sense HAT an, die beiden anderen Sensoren in der IMU – den Gyroskop-Sensor und das Magnetometer – auszuschalten und nur Daten vom Beschleunigungsmesser zurückzugeben. Natürlich kannst du dasselbe auch mit den anderen Sensoren tun.

Suche die Zeile **acceleration = sense.get_accelerometer_raw()** und ändere sie wie folgt:

```
orientation = sense.get_gyroscope_raw()
```

Ändere das Wort **acceleration** (Beschleunigung) in allen drei folgenden Zeilen zu **orientation** (Ausrichtung). Klicke auf **Ausführen** und du siehst die Ausrichtung des Sense HAT für alle drei Achsen, gerundet auf die nächste ganze Zahl. Anders als beim letzten Mal, als du die Orientierung ausgelesen hast, kommen die Daten diesmal jedoch ausschließlich vom Gyroskop, ohne Verwendung des Beschleunigungs- oder Magnetometers. Dies kann nützlich sein, wenn du z. B. die Ausrichtung eines sich auf dem Rücken eines Roboters bewegenden Sense HAT wissen willst, ohne dass durch die Bewegung Verwirrung entsteht. Auch bei Verwendung des Sense HAT in der Nähe eines starken Magnetfeldes ist es nützlich.

Beende dein Programm, indem du auf die rote **Ausführung beenden**-Taste klickst. Um das Magnetometer zu verwenden, löschst du alles außer den ersten vier Zeilen aus dem Programm und gibst dann Folgendes unter der Zeile **while True** ein:

```
north = sense.get_compass()
print(north)
```

Wenn du dein Programm ausführst, siehst du, wie die Richtung des magnetischen Nordens mehrmals im Bereich der Python-Shell angezeigt wird. Drehe den Raspberry Pi vorsichtig. Du siehst, wie die angezeigte Richtung variiert, wenn sich die Orientierung des Sense HAT relativ zum Norden ändert: Du hast einen Kompass gebaut! Wenn du einen Magneten hast – ein Kühlschrankmagnet reicht aus –, bewege ihn um den Sense HAT herum, um zu sehen, wie sich das auf die Magnetometer-Anzeige auswirkt.

HERAUSFORDERUNG: AUTOMATISCHE DREHUNG

Kannst du mit dem, was du über die LED-Matrix und die Sensoren der Trägheitsmesseinheit gelernt hast, ein Programm schreiben, das ein Bild in Abhängigkeit von der Position des Sense HAT dreht?

Joystick-Steuerung

Der Joystick des Sense HAT – unten rechts in der Ecke – ist zwar klein, aber überraschend vielseitig. Neben der Fähigkeit, Eingaben in vier Richtungen – oben, unten, links und rechts – zu erkennen, verfügt er auch über einen fünften Eingang, den man benutzt, indem man ihn wie einen Drucktaster nach unten (zum Boden hin) drückt.

WICHTIGER HINWEIS!

Der Sense HAT-Joystick sollte nur verwendet werden, wenn du die Abstandshalter wie zu Beginn dieses Kapitels beschrieben angebracht hast. Ohne die Abstandshalter kann ein Druck auf den Joystick die Sense HAT-Leiterplatte verbiegen und sowohl den Sense HAT, als auch die GPIO-Stiftleiste des Raspberry Pi beschädigen.

Joystick-Steuerung in Scratch

Starte ein neues Programm in Scratch. Dabei sollte die **Raspberry Pi Sense HAT**-Erweiterung geladen sein. Ziehe wie zuvor einen `when green flag clear display`-Block darunter. Unter diesen ziehst und bearbeitest du einen clear display -Block. Füge dann einen set background to black - und einen set colour to white -Block hinzu.

In Scratch ist der Joystick des Sense HAT den Cursortasten auf der Tastatur zugeordnet. Wenn du den Joystick nach oben drückst, entspricht das dem Drücken der Aufwärtspfeiltaste, und wenn du ihn nach unten drückst, entspricht das dem Drücken der Aufwärtspfeiltaste. Wenn du ihn nach links oder rechts drückst, tut er dasselbe wie die Rechts- und Linkspfeiltasten. Wenn du den Joystick wie einen Drucktastenschalter nach unten drückst, entspricht dies dem Drücken von **ENTER**.

Ziehe einen when joystick pushed up -Block in den Skriptbereich. Damit er etwas zu tun hat, ziehst du einen sage Hallo! für 2 Sekunden -Block darunter.

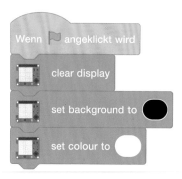

Drücke den Joystick nach oben. Du siehst, wie die Scratch-Katze fröhlich „Hallo!" sagt. Die Joystick-Steuerung ist nur auf dem echten Sense HAT verfügbar. Wenn du den Sense HAT-Emulator verwendest, benutzt du stattdessen die entsprechenden Tasten auf der Tastatur, um das Drücken des Joysticks zu simulieren.

Als Nächstes änderst du sage Hallo! zu sage Joystick hoch! und fügst weitere **Ereignisse**- und **Aussehen**-Blöcke hinzu, bis du für jede der fünf Möglichkeiten zum Drücken des Joysticks etwas Passendes hast. Drücke den Joystick in verschiedene Richtungen und beobachte, wie die Meldungen erscheinen!

LETZTE HERAUSFORDERUNG

Kannst du mit dem Joystick des Sense HAT ein Scratch-Sprite auf dem Bühnenbereich steuern? Kannst du es so einrichten, dass die LEDs des Sense HAT einen Glückwunsch anzeigen, wenn das Sprite ein anderes Sprite, das ein Objekt darstellt, einsammelt?

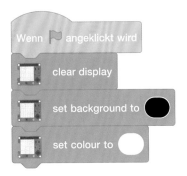

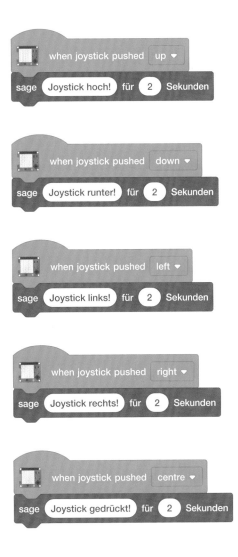

Joystick-Steuerung in Python

Starte ein neues Programm in Thonny und speichere es als Sense HAT Joystick. Beginne mit den üblichen drei Zeilen, die den Sense HAT einrichten und die LED-Matrix löschen: Denke daran, **sense_emu** (statt **sense_hat**) zu verwenden, wenn du den Emulator benutzt.

```
from sense_hat import SenseHat
sense = SenseHat()
sense.clear()
```

Als Nächstes richtest du eine Endlosschleife ein:

```
while True:
```

Weise Python dann an, auf Eingaben des Sense-HAT-Joysticks mit der folgenden Zeile zu warten, die Thonny automatisch für dich einrückt:

```
    for event in sense.stick.get_events():
```

Füge am Schluss noch die folgende Zeile hinzu (sie wird von Thonny eingerückt) damit tatsächlich etwas passiert, wenn Druck auf den Joystick erkannt wird.

```
        print(event.direction, event.action)
```

Klicke auf **Ausführen** und drücke, den Joystick in verschiedene Richtungen. Die gewählte Richtung wird im Python-Shell-Bereich ausgegeben: up (aufwärts), down (abwärts), left (links), right (rechts) und middle (Mitte), wenn du den Joystick wie einen Drucktaster nach unten gedrückt hast.

Jedes Mal, wenn du den Joystick drückst, werden zwei Ereignisse ausgelöst – das Ereignis **pressed**, wenn du den Joystick in eine Richtung drückst, und danach das Ereignis **released**, wenn der Joystick in die Mitte zurückkehrt.

Du kannst dies in deinem Programmen verwenden. Stelle dir eine Figur in einem Spiel vor, die dazu gebracht werden könnte, sich zu bewegen, wenn der Joystick in eine Richtung gedrückt wird, und anzuhalten, sobald er losgelassen wird.

Du kannst den Joystick auch zum Auslösen von Funktionen verwenden, anstatt nur auf die Verwendung einer **for**-Schleife beschränkt zu sein. Lösche alles unter **sense.clear()** und gib Folgendes ein:

```
def red():
    sense.clear(255, 0, 0)

def blue():
    sense.clear(0, 0, 255)

def green():
    sense.clear(0, 255, 0)

def yellow():
    sense.clear(255, 255, 0)
```

Diese Funktionen ändern die gesamte Sense HAT LED-Matrix zu einer einzigen Farbe: Rot, Blau, Grün oder Gelb. So kannst du ganz einfach überprüfen, ob dein Programm funktioniert. Um den Effekt tatsächlich auszulösen, musst du Python sagen, welche Funktion mit welcher Joystick-Eingabe einhergeht. Gib Folgendes ein:

```
sense.stick.direction_up = red
sense.stick.direction_down = blue
sense.stick.direction_left = green
sense.stick.direction_right = yellow
sense.stick.direction_middle = sense.clear
```

Zuletzt braucht das Programm eine endlose Schleife – die so genannte *Haupt*schleife – damit es weiterläuft. Das bedeutet, dass du immer wieder auf Joystick-Eingaben achten musst, anstatt den Code, den du geschrieben hast, nur einmal durchlaufen zu lassen und dann aufzuhören. Gib die folgenden Zeilen ein:

```
while True:
    pass
```

Dein Programm sollte dann folgendermaßen aussehen:

```
from sense_hat import SenseHat
sense = SenseHat()
sense.clear()

def red():
    sense.clear(255, 0, 0)

def blue():
    sense.clear(0, 0, 255)

def green():
    sense.clear(0, 255, 0)

def yellow():
    sense.clear(255, 255, 0)

sense.stick.direction_up = red
sense.stick.direction_down = blue
sense.stick.direction_left = green
sense.stick.direction_right = yellow
sense.stick.direction_middle = sense.clear
```

```
while True:
    pass
```

Klicke auf **Ausführen** und bewege, den Joystick. Du wirst sehen, wie die LEDs in prächtigen Farben aufleuchten! Um die LEDs auszuschalten, drücke den Joystick wie einen Drucktaster. Die Richtung `middle` ist so eingestellt, dass die Funktion `sense.clear()` verwendet wird, um alle LEDs auszuschalten. Herzlichen Glückwunsch! Du kannst Eingaben, die über den Joystick erfolgen, erfassen.

LETZTE HERAUSFORDERUNG

Kannst du mit dem, was du gelernt hast, ein Bild auf den Bildschirm zeichnen und es dann in die Richtung drehen, in die der Joystick gedrückt wird? Kannst du die „middle" Joystick-Eingabe zwischen mehr als einem Bild wechseln lassen?

Scratch-Projekt: Sense HAT-Wunderkerze

Du kennst dich jetzt mit dem Sense HAT aus und es ist an der Zeit, alles Gelernte zusammenzufügen, um eine wärmeempfindliche Wunderkerze zu bauen – ein Gerät, das am besten funktioniert, wenn es kalt ist, und das mit zunehmender Erwärmung immer langsamer wird.

Starte ein neues Scratch-Projekt und füge die Raspberry Pi Sense HAT-Erweiterung hinzu, falls sie noch nicht geladen ist. Wie immer fängst du mit vier Blöcken an. Beginne mit <kbd>Wenn 🏳 angeklickt wird</kbd> und einem <kbd>clear display</kbd> -Block darunter. Du brauchst einen <kbd>set background to black</kbd>-, und einen <kbd>set colour to white</kbd> -Block. Denke daran, dass du die Farben gegenüber den Standardeinstellungen ändern musst.

Beginne mit der Erstellung einer einfachen, aber kunstvollen Wunderkerze. Ziehe einen „Ereignisse"-Block <kbd>wiederhole fortlaufend</kbd> in den Skriptbereich und fülle ihn mit einem <kbd>set pixel x 0 y 0 to colour</kbd>-Block. Statt der Verwendung von Set-Nummern füllst du jeden der x-, y- und Farbabschnitte dieses Blocks mit einem <kbd>Zufallszahl von 1 bis 10</kbd> **Operatoren**-Block.

Die Werte 1 bis 10 sind hier nicht sonderlich nützlich, sodass du einige Änderungen vornehmen musst. Die ersten beiden Zahlen im <kbd>set pixel</kbd>-Block sind die X- und Y-Koordinaten des Pixels auf der LED-Matrix, d. h. es sollten Zahlen zwischen 0 und 7 sein. Ändere die ersten beiden Blöcke, damit sie so aussehen: `Zufallszahl von 0 bis 7`

Der nächste Abschnitt ist die Farbe, auf die das Pixel gesetzt werden soll. Wenn du den Farbwähler verwendest, wird die gewählte Farbe direkt im Skriptbereich angezeigt. Intern werden die Farben jedoch durch eine Zahl dargestellt und du kannst diese direkt verwenden. Ändere den letzten Block von **Zufallszahl von** zu `Zufallszahl von 0 bis 16777215`.

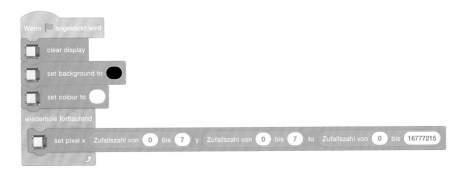

Klicke auf die grüne Flagge. Du wirst sehen, dass die LEDs auf dem Sense HAT in zufälligen Farben leuchten (**Abbildung 7-29**). Herzlichen Glückwunsch! Du hast eine elektronische Wunderkerze erstellt.

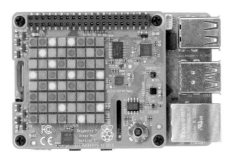

Abbildung 7-29   Pixel leuchten in zufällig ausgewählten Farben

Die Wunderkerze ist nicht sonderlich interaktiv. Das kannst du ändern. Beginne damit, einen `warte 1 Sekunden`-Block so zu ziehen, dass er sich unter dem `set pixel`-Block, aber noch innerhalb des `wiederhole fortlaufend`-Blocks befindet. Ziehe einen `/` **Operatoren**-Block auf die 1 und gib dann 10 in das zweite Feld ein. Ziehe abschließend einen `temperature`-Block über das erste Feld des **Operatoren**-Blocks.

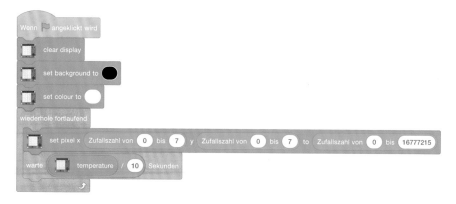

Wenn du auf die grüne Flagge klickst, stellst du fest, dass die Wunderkerze wesentlich langsamer ist als vorher, es sei denn, du befindest dich an einem extrem kalten Ort. Das liegt daran, dass du eine temperaturabhängige Verzögerung erzeugt hast. Das Programm wartet jetzt eine Anzahl von *die aktuelle Temperatur geteilt durch 10* Sekunden vor jeder Schleife. Wenn die Temperatur in deinem Raum 20 °C beträgt, wartet das Programm 2 Sekunden, bevor es eine Schleife durchläuft. Wenn die Temperatur 10 °C beträgt, wartet es 1 Sekunde. Wenn sie unter 10 °C liegt, wartet es weniger als eine Sekunde.

Wenn dein Sense HAT eine Minustemperatur – unter 0 °C, dem Gefrierpunkt von Wasser – anzeigt, versucht er, weniger als 0 Sekunden zu warten. Weil das unmöglich ist – jedenfalls ohne Zeitreisen zu erfinden – wirst du den gleichen Effekt sehen, als ob er 0 Sekunden warten würde. Herzlichen Glückwunsch! Du hast gelernt, wie du die Funktionen des Sense HAT in deine eigenen Programme integrieren kannst.

Python-Projekt: Sense HAT-Tricorder

Du kennst dich jetzt mit dem Sense HAT aus und es ist an der Zeit, alles Gelernte, zusammenzufügen und einen Tricorder zu bauen – ein Gerät, das den Fans einer bestimmten Science-Fiction-Serie bekannt ist. Es ist ein Handscanner zur Untersuchung von Objekten und Umgebung. Anhand verschiedener Sensoren zeichnet er Ereignisse auf.

Beginne ein neues Projekt in Thonny und speichere es als **Tricorder.py**. Beginne dann mit den Zeilen, die du jedes Mal verwenden musst, wenn du ein Sense HAT-Programm in Python beginnst, und denke daran, **sense_emu** zu verwenden, wenn du den Sense HAT-Emulator benutzt:

```
from sense_hat import SenseHat
sense = SenseHat()
sense.clear()
```

Als Nächstes definierst du die Funktionen für die einzelnen Sensoren des Sense HAT. Beginne mit der inertialen Messeinheit (IMU) und gib Folgendes ein:

```
def orientation():
    orientation = sense.get_orientation()
    pitch = orientation["pitch"]
    roll = orientation["roll"]
    yaw = orientation["yaw"]
```

Da du die Ergebnisse vom Sensor über die LEDs laufen lassen wirst, ist es sinnvoll, sie zu runden, damit du nicht auf Dutzende von Dezimalstellen warten musst. Runde diese jedoch nicht auf ganze Zahlen, sondern auf eine Dezimalstelle, indem du Folgendes eingibst:

```
    pitch = round(pitch, 1)
    roll = round(roll, 1)
    yaw = round(yaw, 1)
```

Zuletzt musst du Python anweisen, die Ergebnisse auf den LEDs scrollen zu lassen, sodass der Tricorder als Handgerät funktioniert, ohne dass er an einen Monitor oder Fernseher angeschlossen sein muss:

```
    sense.show_message("Nicken {0}, Rollen {1}, Gieren {2}".
                    format(pitch, roll, yaw))
```

Jetzt hast du eine vollständige Funktion zum Ablesen und Anzeigen der Orientierung von der IMU und musst du ähnliche Funktionen für jeden der anderen Sensoren erstellen. Beginne mit dem Temperatursensor:

```
def temperature():
    temp = sense.get_temperature()
    temp = round(temp, 1)
    sense.show_message("Temperatur: %s Grad Celsius" % temp)
```

Schau genau auf die Zeile, die das Ergebnis auf die LEDs ausgibt: **%s** ist als *Platzhalter* bekannt und wird durch den Inhalt der Variablen **temp** ersetzt. Auf diese Weise kannst du die Ausgabe mit der Beschriftung „Temperatur:" und einer Maßeinheit, „Grad Celsius", schön formatieren, was dein Programm wesentlich freundlicher wirken lässt.

Als Nächstes definierst du eine Funktion für den Luftfeuchtigkeitssensor:

```
def humidity():
    humidity = sense.get_humidity()
```

```
humidity = round(humidity, 1)
sense.show_message("Feuchtigkeit: %s Prozent" % humidity)
```

Nun für den Drucksensor:

```
def pressure():
    pressure = sense.get_pressure()
    pressure = round(pressure, 1)
    sense.show_message("Druck: %s Millibars" % pressure)
```

Definiere zuletzt eine Funktion für den Kompasswert des Magnetometers:

```
def compass():
    for i in range(0, 10):
        north = sense.get_compass()
    north = round(north, 1)
    sense.show_message("Norden: %s Grad" % north)
```

Die kurze **for**-Schleife in dieser Funktion nimmt zehn Messwerte vom Magnetometer auf, um sicherzustellen, dass genügend Daten vorhanden sind, um dir ein genaues Ergebnis zu liefern. Wenn du feststellst, dass sich der gemeldete Wert ständig ändert, passe den Code auf 20, 30 oder sogar 100 Wiederholungen der Schleife an, um die Genauigkeit weiter zu verbessern.

Dein Programm hat jetzt fünf Funktionen, von denen jede einen Messwert von einem der Sensoren des Sense HAT ausliest und über die LEDs scrollt. Es muss jedoch eine Möglichkeit gefunden werden, den Sensor auszuwählen, den du verwenden möchtest. Der Joystick ist dafür perfekt geeignet.

Gib Folgendes ein:

```
sense.stick.direction_up = orientation
sense.stick.direction_right = temperature
sense.stick.direction_down = compass
sense.stick.direction_left = humidity
sense.stick.direction_middle = pressure
```

Diese Zeilen ordnen jeder der fünf möglichen Richtungen auf dem Joystick einen Sensor zu: **up** wird der Orientierungssensor, **down** das Magnetometer, **left** der Luftfeuchtigkeitssensor, **right** der Temperatursensor und durch Drücken des Joysticks **middle** wird der Drucksensor ausgelesen.

Schließlich benötigst du noch eine Hauptschleife, damit das Programm kontinuierlich auf die Joystick-Steuerung reagiert und sich nicht einfach sofort beendet. Gib ganz unten in deinem Programm Folgendes ein:

```
while True:
    pass
```

Dein Programm sollte dann folgendermaßen aussehen:

```
from sense_hat import SenseHat
sense = SenseHat()
sense.clear()

def orientation():
    orientation = sense.get_orientation()
    pitch = orientation["pitch"]
    roll = orientation["roll"]
    yaw = orientation["yaw"]

    pitch = round(pitch, 1)
    roll = round(roll, 1)
    yaw = round(yaw, 1)

    sense.show_message("Nicken {0}, Rollen {1}, Gieren {2}".
                        format(pitch, roll, yaw))

def temperature():
    temp = sense.get_temperature()
    temp = round(temp, 1)
    sense.show_message("Temperatur: %s Grad Celsius" % temp)

def humidity():
    humidity = sense.get_humidity()
    humidity = round(humidity, 1)
    sense.show_message("Feuchtigkeit: %s Prozent" % humidity)

def pressure():
    pressure = sense.get_pressure()
    pressure = round(pressure, 1)
    sense.show_message("Druck: %s Millibars" % pressure)

def compass():
    for i in range(0, 10):
        north = sense.get_compass()
    north = round(north, 1)
    sense.show_message("Norden: %s Grad" % north)

sense.stick.direction_up = orientation
sense.stick.direction_right = temperature
sense.stick.direction_down = compass
```

```
sense.stick.direction_left = humidity
sense.stick.direction_middle = pressure

while True:
    pass
```

Klicke auf **Ausführen** und bewege den Joystick, um einen Messwert von einem der Sensoren zu erhalten (**Abbildung 7-30**). Wenn das Ergebnis durch das LED-Matrix Display durchgelaufen ist, drückst du eine andere Richtung. Herzlichen Glückwunsch! Du hast einen Handheld-Tricorder gebaut, auf den die Vereinte Föderation der Planeten stolz wäre.

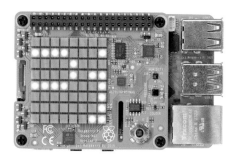

Abbildung 7-30 Jeder Messwert scrollt über die Anzeige

Für weitere Sense HAT-Projekte, einschließlich eines Beispiels für die Verwendung des Farbsensors auf dem Sense HAT V2, folge den Links in Anhang D, *Weiterführende Literatur*.

Kapitel 8

Raspberry Pi-Kameramodule

Wenn du ein Kameramodul oder eine HQ-Kamera an deinen Raspberry Pi anschließt, kannst du hochauflösende Fotos und Videos aufnehmen und beeindruckende Computer Vision-Projekte erstellen.

Wenn du schon immer einmal etwas bauen wolltest, das sehen kann – in der Robotik bekannt als *Computer Vision* – dann sind das optionale Kameramodul 3 (**Abbildung 8-1**), die High Quality Camera (HQ-Kamera) oder die Global Shutter-Kamera des Raspberry Pi ein idealer Ausgangspunkt. Die drei Kameramodule sind kleine quadratische Leiterplatten mit einer Kamera und einem dünnen Flachbandkabel. Sie werden an den CSI-Anschluss (Camera Serial Interface) deines Raspberry Pi angeschlossen und liefern hochauflösende Standbilder, sowie bewegte Videosignale, die selbständig verwendet, oder in deine Programme integriert werden können.

RASPBERRY PI 400

Leider sind die Raspberry Pi-Kameramodule nicht mit dem Raspberry Pi 400 Desktop-Computer kompatibel. Als Alternative kannst du zwar USB-Webcams verwenden. In diesem Fall musst du aber auf den Einsatz der spezifischen Software-Tools für das Raspberry Pi-Kameramodul, die im Raspberry Pi OS enthalten sind, verzichten.

Kameratypen

Es sind mehrere Arten von Raspberry Pi-Kameramodulen erhältlich: das Standard-Kameramodul 3, die NoIR-Version, die High Quality-Kamera (HQ) und die Global Shutter-Kamera. Welches Modell du brauchst, hängt von dem

Abbildung 8-1   Raspberry Pi-Kameramodul 3

jeweiligen Projekt ab. Wenn du normale Fotos und Videos in gut beleuchteten Umgebungen aufnehmen möchtest, solltest du das Standard-Kameramodul 3 oder das Kameramodul 3 Wide – für ein größeres Sichtfeld verwenden.

Wenn du die Objektive austauschen möchtest und Wert auf hohe Bildqualität legst, verwendest du am besten das HQ-Kameramodul. Das NoIR-Kameramodul – so genannt, weil es keinen Infrarot-Filter besitzt (No IR) – ist für den Einsatz mit Infrarot-Lichtquellen zur Aufnahme von Bildern und Videos in völliger Dunkelheit vorgesehen. Es ist auch als Weitwinkel-Version verfügbar. Wenn du einen Nistkasten, eine Überwachungskamera oder ein anderes Projekt baust, das Nachtsicht erfordert, ist die NoIR-Version die richtige Wahl – aber denke daran, gleichzeitig auch eine Infrarot-Lichtquelle zu kaufen! Die Global Shutter-Kamera erfasst das gesamte Sichtfeld auf einmal und nicht Zeile für Zeile, weshalb sie für das Fotografieren sich schnell bewegender Objekte und für Computer Vision-Projekte geeignet ist.

Raspberry Pi-Kameramodul 3

Das Raspberry Pi-Kameramodul 3, sowohl in der Standard- als auch in der NoIR-Version, basiert auf einem Sony IMX708-Bildsensor. Dabei handelt es sich um einen *12-Megapixel-Sensor*. Das heißt, er nimmt Bilder mit bis zu 12 Millionen Pixeln auf. Es werden also Bilder mit einer Breite von bis zu 3280 Pixeln und einer Höhe von bis zu 2464 Pixeln erfasst. Für das Raspberry Pi-Kameramodul 3 gibt es zwei Objektiv-Optionen: das Standardobjektiv, das ein 75 Grad breites Sichtfeld erfasst, und das Weitwinkelobjektiv mit einem Sichtfeld von 120 Grad.

Neben Standbildern kann das Raspberry Pi-Kameramodul 3 auch Videos in Full HD-Auflösung (1080p) mit einer Rate von bis zu 50 Bildern pro Sekunde (50 FPS) aufnehmen. Für flüssigere Bewegungen oder auch zur Erzeugung eines Zeitlupen-Effekts kann die Kamera so eingestellt werden, dass sie zwar mit reduzierter Auflösung, aber dafür mit höherer Bildfrequenz aufnimmt – 100 FPS bei 720-p-Auflösung und 120 FPS bei 480 p (VGA). Das Modul hat im Vergleich zu älteren Versionen noch einen weiteren Trick auf Lager. Es bietet *Autofokus*, was bedeutet, dass es den Brennpunkt des Objektivs automatisch für Nah- oder Fernaufnahmen einstellen kann.

Raspberry Pi HQ-Kamera

Die HQ-Kamera verwendet einen Sony IMX477-Sensor mit 12,3 Megapixeln. Dieser Sensor ist größer als der in den Standard- und NoIR Kameramodulen. Er kann also mehr Licht sammeln und dadurch qualitativ hochwertigere Bilder erzeugen. Im Gegensatz zu den Kameramodulen hat die HQ-Kamera jedoch kein eingebautes Objektiv, sodass sie keine Bilder oder Videos aufnehmen kann. Du kannst ein beliebiges Objektiv mit einem C- oder CS-Anschluss verwenden. Andere Objektivanschlüsse erfordern einen entsprechenden C- oder CS-Anschlussadapter. Für die Verwendung mit M12-Mount-Objektiven ist eine alternative Version der HQ-Kamera erhältlich.

Raspberry Pi Global Shutter-Kamera

Die Global Shutter-Kamera verwendet einen Sony IMX296-Sensor mit 1,6 Megapixeln. Sie bietet zwar eine geringere Auflösung als das standardmäßige Raspberry Pi-Kameramodul und die HQ-Kamera, eignet sich dank ihrer Fähigkeit, das gesamte Bild auf einmal zu erfassen, jedoch hervorragend zum Aufnehmen von sich schnell bewegenden Motiven ohne die Verzerrungen, die bei einer Rolling Shutter-Kamera auftreten können. Ebenso wie die HQ-Kamera wird sie ohne Objektiv geliefert und unterstützt die gleichen C- und CS-Mount-Objektive. Anders als bei der HQ-Kamera gibt es zum Zeitpunkt der Erstellung dieses Handbuchs jedoch keine M12-Version.

Raspberry Pi-Kameramodul 2

Das ältere Raspberry Pi-Kameramodul 2 und seine NoIR-Variante basieren auf einem Sony IMX219-Bildsensor. Dies ist ein 8-Megapixel-Sensor, kann also Bilder mit bis zu 8 Millionen Pixeln aufnehmen (3280 x 2464 Pixel, BxH). Neben Standbildern kann das Kameramodul auch Videos in Full HD-Auflösung (1080p) mit 30 Bildern pro Sekunde (30 FPS) aufnehmen, wobei bei niedrigeren Auflösungen auch höhere Bildraten möglich sind: 60 Bilder pro Sekunde für 720p-Videomaterial und bis zu 90 Bilder pro Sekunde für 480p (VGA)-Material.

RASPBERRY PI ZERO UND RASPBERRY PI 5

Alle Modelle des Raspberry Pi Kameramoduls sind mit dem Raspberry Pi Zero 2 W, neueren Versionen des ursprünglichen Raspberry Pi Zero und Zero W, sowie dem Raspberry Pi 5 kompatibel. Wenn du einen Raspberry Pi 5 verwendest, brauchst du ein anderes Flachbandkabel als für den Raspberry Pi 4 und ältere Modelle.

Erkundige dich bei deinem Fachhändler nach einem passenden Kabel. Das breitere Ende wird in die Kamera gesteckt, das schmalere Ende in den Raspberry Pi.

Installieren der Kamera

Wie jedes Hardware-Zusatzgerät sollte das Kameramodul oder die HQ-Kamera nur dann an den Raspberry Pi angeschlossen oder vom Raspberry Pi getrennt werden, wenn der Strom abgeschaltet und das Netzkabel abgezogen ist. Wenn dein Raspberry Pi eingeschaltet ist, wähle **Herunterfahren** aus dem Raspberry Pi-Menü, warte, bis er sich abgeschaltet hat, und ziehe den Netzstecker.

In den meisten Fällen ist das Flachbandkabel bereits an das Kameramodul oder die HQ-Kamera angeschlossen. Wenn nicht, drehst du die Kameraplatine um, sodass der Sensor auf der Unterseite liegt, und suchst nach einem flachen Kunststoffstecker. Hake deine Fingernägel vorsichtig um die abstehenden Kanten und ziehe den Stecker nach außen, bis er teilweise herausgezogen ist. Schiebe das Flachbandkabel mit den silbernen oder goldenen Rändern nach unten und dem blauen Kunststoffband nach oben unter die soeben herausgezogene Lasche. Schiebe diese dann behutsam wieder hinein, bis ein Klick zu hören ist (**Abbildung 8-2**). Es spielt keine Rolle, welches Ende des Kabels du verwendest. Wenn das Kabel richtig installiert ist, ist es gerade positioniert und lässt sich durch leichtes Ziehen nicht entfernen. Ist es nicht richtig installiert, ziehst du die Lasche nochmals heraus und versuchst es erneut.

Installiere das andere Ende des Kabels auf die gleiche Weise. Suche den unteren der beiden Kamera-/Display-Anschlüsse, der bei dem Raspberry Pi 5 mit „CAM/DISP 0" gekennzeichnet ist, oder den einzelnen Kameraanschluss (bei dem Raspberry Pi 4, Raspberry Pi Zero 2 W und älteren Modellen) und ziehe

Abbildung 8-2 Flachbandkabel an das Kameramodul anschließen

die kleine Plastikabdeckung nach oben. Wenn dein Raspberry Pi in einem Gehäuse installiert ist, geht das leichter, wenn du das Gehäuse zuerst abnimmst.

Wenn der Raspberry Pi 5 so positioniert ist, dass die GPIO-Stiftleiste rechts und die HDMI-Anschlüsse links liegen, schiebst du das Flachbandkabel so ein, dass der silberne oder goldene Rand rechts ist und das blaue Kunststoffband links (**Abbildung 8-3**). Drücke die Lasche dann vorsichtig wieder an ihren Platz.

Beim Raspberry Pi 4 und älteren Modellen sollte das Flachbandkabel umgekehrt sein, d. h. der silberne oder goldene Rand liegt auf der linken Seite und das blaue Kunststoffband auf der rechten. Wenn du einen Raspberry Pi Zero 2 W oder einen älteren Raspberry Pi Zero verwendest, sollte der silberne oder goldene Rand nach unten zum Tisch und der blaue Kunststoff nach oben zur Decke zeigen. Wenn das Kabel richtig installiert ist, ist es gerade positioniert und lässt sich durch leichtes Ziehen nicht entfernen. Ist es nicht richtig installiert, ziehst du die Lasche nochmals heraus und versuchst es erneut.

Das Kameramodul wird möglicherweise mit einem Stückchen blauem Kunststoff als Abdeckung des Objektivs geliefert, um es während der Herstellung, des Versands und der Installation vor Kratzern zu schützen. Suche diese kleine, lose Plastiklasche und ziehe sie vorsichtig vom Objektiv ab, um die Kamera einsatzbereit zu machen.

Abbildung 8-3 Flachbandkabel an den Kamera-/CSI-Anschluss des Raspberry Pi anschließen

Schließe das Netzteil wieder an den Raspberry Pi an und warte, während das Raspberry Pi OS geladen wird.

FOKUS EINSTELLEN

Alle Versionen des Raspberry Pi-Kameramoduls 3 verfügen über ein motorisiertes Autofokus-System, mit dem der Brennpunkt des Objektivs zwischen nahen und fernen Objekten eingestellt werden kann. Das Raspberry Pi-Kameramodul 2 verwendet ein Objektiv, das eine begrenzte manuelle Fokuseinstellung ermöglicht. Im Lieferumfang ist ein kleines Werkzeug enthalten, mit dem du das Objektiv drehen und den Fokus einstellen kannst.

Testen der Kamera

Um zu überprüfen, ob dein Kameramodul oder deine HQ-Kamera richtig installiert ist, kannst du die **libcamera**-Tools verwenden. Damit kannst du Bilder von der Kamera mithilfe der Raspberry Pi-*Kommandozeilen-Schnittstelle (CLI)* aufnehmen.

Im Gegensatz zu anderen Programmen, die du vielleicht bisher benutzt hast, ist libcamera nicht im Menü zu finden. Klicke stattdessen auf das Raspberry Pi-Symbol, um das Raspberry Pi-Menü zu öffnen, wähle die Kategorie **Zubehör** und klicke auf **LXTerminal**. Es erscheint ein schwarzes Fenster, das Text in grün und blau enthält (**Abbildung 8-4**). Dies ist das *Terminal*, mit dem du auf die Kommandozeilen-Schnittstelle (CLI) zugreifst.

Abbildung 8-4   Terminal-Fenster zur Eingabe von Befehlen öffnen

Um ein Bild mit der Kamera aufzunehmen, gibst du Folgendes in das Terminal ein:

```
libcamera-still -o test.jpg
```

Sobald du **ENTER** drückst, siehst du ein Fenster mit dem Inhalt, den die Kamera sieht, auf dem Bildschirm (**Abbildung 8-5**). Das ist die *Live-Vorschau*. Sofern du dem libcamera-Tool keine andere Anweisung gibst, dauert diese Vorschau 5 Sekunden. Nach diesen 5 Sekunden nimmt die Kamera ein einzelnes Standbild auf und speichert es im Ordner **home/<username>** unter dem Namen **test.jpg**. Wenn du ein weiteres Bild erfassen möchtest, gibst du denselben Befehl erneut ein. Ändere den Namen der Ausgabedatei nach dem **-o**. Andernfalls wird das erste Bild beim Speichern überschrieben.

Wenn das Bild in der Live-Vorschau auf dem Kopf stand, musst du libcamera mitteilen, dass die Kamera verkehrt herum steht. Das Kameramodul ist so

Abbildung 8-5   Die Live-Vorschau der Kamera

konzipiert, dass das Flachbandkabel an der Unterseite herausgeführt wird. Wenn es an den Seiten oder oben herausgeführt wird, wie das bei einigen Kamerahalterungen von Drittanbietern der Fall ist, kannst du das Bild mit dem **-rotation**-Parameter um 90, 180 oder 270 Grad drehen. Bei einer Kamera, die so montiert ist, dass das Kabel oben austritt, verwendest du den folgenden Befehl:

```
libcamera-still --rotation 180 -o test.jpg
```

Wenn das Flachbandkabel am rechten Rand herauskommt, verwende einen Rotationswert von 90 Grad, beim linken Rand 270 Grad. Wenn die ursprüngliche Aufnahme die falsche Ausrichtung hatte, korrigiere die Ausrichtung mit dem **-rotation**-Parameter und versuche es nochmal.

Um dein Bild zu sehen, öffnest du den **PCManFM Dateimanager** in der Kategorie **Zubehör** des Raspberry Pi-Menüs. Das Bild, das du aufgenommen hast, heißt **test.jpg** und befindet sich im Ordner **home/<username>**. Suche es in der Liste der Dateien und doppelklicke darauf, um es in einem Bildanzeigeprogramm zu laden (**Abbildung 8-6**). Du kannst das Bild auch an E-Mails anhängen, es mithilfe des Browsers auf Websites hochladen, oder auf ein externes Speichergerät ziehen.

Das Raspberry Pi-Kameramodul 3 bietet die Möglichkeit, den Brennpunkt des Bildes mithilfe eines motorisierten Autofokus-Systems einzustellen. Die-

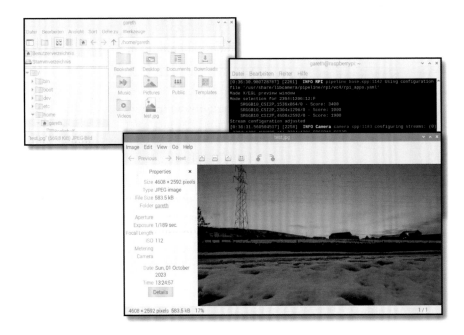

Abbildung 8-6   Aufgenommenes Bild öffnen

se Funktion ist standardmäßig aktiviert. Wenn du ein Bild aufnimmst, stellt das Kameramodul den Fokus automatisch so ein, dass das Bild so klar wie möglich ist. Dies wird als *kontinuierlicher Autofokus* bezeichnet.

Wie der Name schon sagt, passt der kontinuierliche Autofokus den Brennpunkt ständig an, bis die Aufnahme gemacht wird. Wenn du mehrere Bilder aufnimmst oder ein Video drehst, wird der Fokus während des gesamten Vorgangs angepasst. Wenn sich etwas zwischen der Kamera und dem Motiv bewegt, wechselt die Kamera automatisch den Fokus.

Es gibt andere Autofokus-Modi, die du verwenden kannst, wenn der kontinuierliche Autofokus nicht die gewünschten Ergebnisse liefert. Mehr dazu kannst du im Abschnitt „*Erweiterte Kameraeinstellungen*" am Ende dieses Kapitels nachlesen.

Aufnehmen von Videos

Dein Kameramodul kann nicht nur Standbilder aufnehmen, sondern auch Videos. Das geht mit einem Tool namens *libcamera-vid*.

 GANZ SCHÖN VIEL PLATZ

Die Aufzeichnung von Videos kann eine Menge Speicherplatz beanspruchen. Wenn du vorhast, viele Videos aufzunehmen, brauchst du eine große microSD-Karte. Oder du investiert in einen USB-Stick oder ein anderes externes Speichermedium.

Standardmäßig speichern die libcamera-Tools Dateien in dem Ordner, aus dem sie gestartet werden. Achte also darauf, dass du in das richtige Verzeichnis wechselst, damit du auf dem von dir gewählten Speichergerät speicherst. Wie du im Terminal Verzeichnisse änderst, kannst du in Anhang C, *Die Kommandozeilen-Schnittstelle* nachlesen.

Für die Aufnahme eines kurzen Videos gibst du Folgendes in das Terminal ein:

```
libcamera-vid -t 10000 -o test.h264
```

Wie zuvor wird das Fenster mit der Vorschau angezeigt. Dieses Mal zählt die Kamera jedoch nicht rückwärts und nimmt ein einzelnes Standbild auf, sondern speichert ein zehn Sekunden langes Video in einer Datei. Wenn die Aufzeichnung beendet ist, wird das Vorschaufenster automatisch geschlossen.

Wenn du ein längeres Video aufnehmen möchtest, änderst du die Zahl hinter **-t** zur gewünschten Aufnahmedauer in Millisekunden. Um zum Beispiel eine zehnminütige Aufnahme zu machen, würdest du Folgendes eingeben:

```
libcamera-vid -t 600000 -o test2.h264
```

Um dein Video abzuspielen, suchst du die Videodatei im Dateimanager und doppelklickst darauf, um sie im VLC-Videoplayer (**Abbildung 8-7**) zu laden. Dein Video wird geöffnet und abgespielt, aber du wirst feststellen, dass die Wiedergabe eher ruckelig ist. Dafür gibt es eine Lösung: Füge deiner Aufnahme Zeitinformationen hinzu.

Das von libcamera-vid aufgenommene Video hat ein Format namens *bitstream*. Die Funktionsweise eines Bitstreams unterscheidet sich ein wenig von den Videodateien, die du vielleicht schon kennst. In der Regel enthalten Videodateien mehrere Teile: das Video, den mit dem Video aufgezeichneten Ton, Timecode-Informationen darüber, wann jedes Bild angezeigt werden soll, und zusätzliche Informationen, die als *Metadaten* bezeichnet werden. Ein Bitstream ist anders. Hier gibt es keine Zusatzdaten, es sind reine Videodaten.

Abbildung 8-7 Aufgenommenes Video öffnen

Um sicherzustellen, dass deine Videodateien auf möglichst vielen Software-Plattformen wiedergegeben werden können, einschließlich Software, die auf anderen Computern als dem Raspberry Pi läuft, musst du sie in einen *Container* stellen. Dafür brauchst du Informationen, die derzeit fehlen, nämlich das Timing der Videobilder (Frames).

Nimm im Terminal ein neues Video auf – aber sage libcamera-vid dieses Mal, dass es die Timing-Informationen in einer Datei namens **timestamps.txt** aufzeichnen soll:

```
libcamera-vid -t 10000 --save-pts timestamps.txt -o test-time.h264
```

Wenn du den Video-Ordner im Dateimanager öffnest, siehst du zwei Dateien: den Video-Bitstream, **test-time.h264**, und die Datei **timestamps.txt** (siehe **Abbildung 8-8**).

Um diese beiden Dateien in einem einzigen Container zusammenzufassen, der für die Wiedergabe auf anderen Geräten geeignet ist, verwendest du ein Tool namens **mkvmerge**. Dieses nimmt das Video, kombiniert es mit den Zeits-

Abbildung 8-8   Videodatei mit separater Zeitstempel-Datei

tempeln und gibt eine Video-Containerdatei aus, die als *Matroska-Videodatei* oder *MKV* bezeichnet wird.

Gib in der Kommandozeile Folgendes ein (das **** ist ein Sonderzeichen, mit dem du den Befehl auf zwei Zeilen aufteilen kannst):

```
mkvmerge --timecodes 0:timestamps.txt test-time.h264 \
   -o test-time.mkv
```

Du hast jetzt eine dritte Datei, **test-time.mkv**. Doppelklicke im Dateimanager auf diese Datei, um sie in VLC zu laden, und du wirst sehen, dass das aufgenommene Video ohne Überspringen oder Verlust von Bildern abgespielt wird. Wenn du das Video auf ein Wechsellaufwerk übertragen willst, um es auf einem anderen Computer abzuspielen, brauchst du nur die MKV-Datei und kannst die H264- und TXT-Datei löschen.

Denke daran, Zeitstempel zusammen mit deinem Video zu speichern, wenn du eine Datei erstellen willst, die auf möglichst vielen Computern richtig abgespielt werden kann. Dies nach der Aufnahme zu tun ist sehr aufwendig!

Zeitraffer-Fotografie

Es gibt noch einen weiteren Trick, den dein Kameramodul beherrscht: *Zeitrafferaufnahmen*. Bei der Zeitraffer-Fotografie werden über einen bestimmten Zeitraum hinweg in regelmäßigen Abständen Standbilder aufgenommen, um Veränderungen festzuhalten, die zu langsam sind, um mit bloßem Auge wahrgenommen zu werden. Das ist ein guter Methode, um beispielsweise zu beobachten, wie sich das Wetter im Laufe eines Tages verändert oder wie eine Blume über einen Zeitraum von Monaten hinweg wächst und blüht. Du kannst sogar Zeitraffer-Techniken verwenden, um deine eigene Stop-Motion-Animation zu erstellen!

Um eine Zeitraffer-Fotosession zu starten, gibst du Folgendes in das Terminal ein, um ein neues Verzeichnis zu erstellen und in dieses zu wechseln. Dadurch kannst du alle Dateien, die du erfasst hast, übersichtlich an einem Ort speichern:

```
mkdir timelapse
cd timelapse
```

Dann beginnst du mit der Erfassung, indem du Folgendes eingibst:

```
libcamera-still --width 1920 --height 1080 -t 100000 \
    --timelapse 10000 -o %05d.jpg
```

Der Ausgabedateiname ist dieses Mal etwas anders: **%05d** weist libcamera-still an, Zahlen als Dateinamen zu verwenden, beginnend bei 00000 und aufwärts zählend. Ohne diese Funktion würden bei jeder neuen Aufnahme automatisch ältere Bilder überschrieben werden und du hättest nur ein einziges Bild.

Die Schalter **--width** und **--height** steuern die *Auflösung* der aufgenommenen Bilder. In diesem Fall stellen wir die Bilder auf eine Breite von 1920 Pixeln und eine Höhe von 1080 Pixeln ein – die gleiche Auflösung wie bei einer Full HD-Videodatei.

Der Schalter **-t** funktioniert wie zuvor und stellt einen Zeitgeber ein, der festlegt, wie lange die Kamera laufen soll. In diesem Fall sind es 100.000 Millisekunden (100 Sekunden).

Der Schalter **--timelapse** teilt libcamera-still mit, wie lange zwischen den Bildern gewartet werden soll. Hier ist er auf 10.000 Millisekunden (zehn Sekunden) eingestellt. Da erst nach Ablauf der ersten zehn Sekunden ein Foto gemacht wird, erhältst du insgesamt neun Fotos.

Lass libcamera-still für 100 Sekunden laufen und öffne dann das Zeitraffer-Verzeichnis in deinem Dateimanager. Du siehst neun einzelne Fotos, die jeweils mit einer Nummer beginnend bei 00000 gekennzeichnet sind (**Abbildung 8-9**).

Abbildung 8-9   Fotos, die während einer Zeitraffer-Session aufgenommen wurden

Um diese Bilder zu einer Animation zu kombinieren, verwendest du das Tool **ffmpeg**. Gib Folgendes ein:

```
ffmpeg -r 0.5 -i %05d.jpg -r 15 animation.mp4
```

Damit wird ffmpeg angewiesen, die aufgenommenen Bilder so zu interpretieren, als wären sie ein Video mit 0,5 FPS, und daraus ein animiertes Video mit 15 FPS zu erstellen.

Doppelklicke auf die Datei **animation.mp4**, um sie in VLC abzuspielen. Du wirst sehen, dass die von dir aufgenommenen Fotos nacheinander erscheinen (siehe **Abbildung 8-10**).

Um die Animation schneller zu machen, änderst du die Eingabebildrate von 0,5 Bildern pro Sekunde auf 1 oder mehr. Um sie langsamer zu machen, reduzierst du sie auf 0,2 oder weniger.

Warum versuchst du nicht, dein eigenes Stop-Motion-Video zu drehen? Positioniere Spielzeuge vor der Kamera und beginne eine Zeitraffer-Session, indem du sie nach jedem Foto in eine andere Position bringst. Denke daran, deine Hände vor jedem Foto aus dem Bild zu nehmen!

Abbildung 8-10 Zeitraffer-Animation abspielen

Erweiterte Kameraeinstellungen

Sowohl libcamera-still als auch libcamera-vid unterstützen eine Reihe von erweiterten Einstellungen, mit denen du Einstellungen wie die Auflösung (die Größe des aufgenommenen Bildes oder Videos) genauer festlegen kannst. Bilder und Videos mit höherer Auflösung sind von besserer Qualität, belegen aber auch entsprechend mehr Speicherplatz. Sei also vorsichtig beim Experimentieren.

libcamera-still und libcamera-vid

Die folgenden Einstellungen können sowohl für libcamera-still als auch für libcamera-vid verwendet werden, indem du sie dem Befehl hinzufügst, den du im Terminal eingibst.

`--autofocus-mode`

Konfiguriert das Autofokus-System des Raspberry Pi-Kameramoduls 3. Mögliche Optionen sind **continuous**, der Standardmodus; **manual** – deaktiviert den Autofokus vollständig; und **auto** – führt beim ersten Start der Kamera einen einzigen Autofokusvorgang durch. Diese Einstellung hat keine Auswirkungen auf andere Versionen des Kameramoduls.

--autofocus-range

Legt den Bereich für das Raspberry Pi-Kameramodul 3-Autofokussystem fest. Wenn du feststellst, dass das Autofokussystem Schwierigkeiten hat, dein Motiv zu erfassen, kann es hilfreich sein, den Bereich hier zu ändern. Mögliche Optionen sind **normal** – die Standardeinstellung; **macro** – priorisiert Objekte im Nahbereich; und **full** – kann sowohl extrem nah als auch bis zum Horizont fokussieren.

--lens-position

Dies steuert den Brennpunkt des Objektivs manuell, zur Verwendung mit der Einstellung **--autofocus-mode manual**. Damit kannst du den Brennpunkt des Objektivs in der Einheit *Dioptrien* einstellen, die gleich eins geteilt durch die Brennpunktentfernung in Metern ist. Um die Kamera z. B. auf 0,5 m (50 m) scharfzustellen, benutzt du **--lens-position 2**. Um sie auf 10 m scharfzustellen, benutzt du **--lens-position 0.1**. Ein Wert von 0,0 steht für einen Brennpunkt von unendlich, also der weiteste Punkt, den die Kamera fokussieren kann.

--width --height

Stellt die Bild- oder Videoauflösung ein. Um z.B. ein Full HD-Video (1920×1080) aufzunehmen, verwendest du diese Argumente in libcamera-vid:

```
-t 10000 --width 1920 --height 1080 -o bigtest.h264
```

--rotation

Dies dreht das Bild von 0 Grad (Standardeinstellung) um 90, 180 und 270 Grad. Wenn deine Kamera so montiert ist, dass das Flachbandkabel nicht unten herausgeführt wird, kannst du mit dieser Einstellung Bilder und Videos mit der richtigen Ausrichtung aufnehmen.

--hflip --vflip

Dies spiegelt das Bild oder Video entlang der horizontalen Achse (wie ein Spiegel) und/oder der vertikalen Achse.

--sharpness

Dies ermöglicht es dir, das aufgenommene Bild oder Video durch Anwendung eines Schärfefilters schärfer aussehen zu lassen. Werte über 1.0 erhöhen die Schärfe über die Standardschärfe hinaus. Werte unter 1.0 verringern die Schärfe.

--contrast

Dies erhöht oder verringert den Kontrast des aufgenommenen Bildes oder Videos. Werte über 1.0 erhöhen den Kontrast über den Standardkontrast hinaus. Werte unter 1.0 verringern den Kontrast.

--brightness

Dies erhöht oder verringert die Helligkeit des Bildes oder Videos. Wenn du den Wert unter die Standardeinstellung 0.0 verringerst, wird das Bild dunkler, bis du den Mindestwert von -1.0 erreichst, also ein komplett schwarzes Bild. Wenn du den Wert erhöhst, wird das Bild heller, bis du den Maximalwert von 1.0 erreichst, also ein komplett weißes Bild.

--saturation

Dies erhöht oder verringert die Farbsättigung des Bildes oder Videos. Wenn du den Wert unter die Standardeinstellung von 1.0 verringerst, werden die Farben gedämpfter, bis du den Minimalwert von 0.0 erreichst, also ein komplett graues Bild ohne jede Farbe. Werte über 1.0 machen die Farben leuchtender.

--ev

Dies legt einen Belichtungskorrekturwert zwischen -10 und 10 fest, wodurch die Funktionsweise der Verstärkungsregelung der Kamera gesteuert wird. Normalerweise liefert der Standardwert von 0 die besten Ergebnisse. Wenn deine Kamera zu dunkle Bilder aufnimmt, kannst du den Wert erhöhen. Wenn sie zu hell sind, kannst du den Wert reduzieren.

--metering

Dies stellt den Messmodus für die Belichtungsautomatik und die automatische Verstärkungsregelung ein. Der Standardwert **centre** liefert in der Regel die besten Ergebnisse. Du kannst diesen Wert überschreiben und **spot** oder **average** wählen.

--exposure

Dies schaltet zwischen dem Standard-Belichtungsmodus **normal** und dem Belichtungsmodus **sport** um, der für sich schnell bewegende Motive geeignet ist.

--awb

Dies ermöglicht es dir, den Algorithmus für den automatischen Weißabgleich von der Standardautomatik zu ändern: **incandescent**, **tungsten**, **fluorescent**, **indoor**, **daylight** oder **cloudy**.

libcamera-still

Die folgenden Optionen sind in libcamera-still verfügbar:

`-q`

Dies legt die Qualität des aufgenommenen JPEG-Bildes fest, von 0 bis 100. Dabei steht 0 für die geringste Qualität und die kleinste Dateigröße und 100 für die höchste Qualität und die größte Dateigröße. Die Standardqualität ist 93.

`--datetime`

Dies verwendet das aktuelle Datum und die Uhrzeit als Ausgabedateinamen – im Format zweistelliger Monat, zweistelliger Tag, Minuten, Stunden, Sekunden. Es kann anstelle von **`-o`** verwendet werden.

`--timestamp`

Dies ist ähnlich wie **`--datetime`**, setzt aber den Ausgabedateinamen auf die Anzahl der Sekunden seit dem Beginn des Jahres 1970 (bekannt als die *UNIX-Epoche*).

`-k`

Dies nimmt ein Standbild auf, wenn du **ENTER** drückst, anstatt es automatisch nach einer Verzögerung aufzunehmen. Wenn du eine Erfassung abbrechen möchtest, gibst du ein **x** ein, gefolgt von **ENTER**. Es funktioniert am besten, wenn die Zeitüberschreitung, **`-t`**, auf 0 gesetzt ist. libcamera-vid hat einen ähnlichen **`-k`**-Schalter, der aber etwas anders funktioniert und die ENTER-Taste verwendet, um zwischen Aufnahme und Pause umzuschalten, beginnend im Aufnahmemodus. Wenn du fertig bist, gibst du ein **x** ein, gefolgt von **ENTER**, um zu beenden.

? **WEITERE INFORMATIONEN**

Dieses Kapitel deckt die gängigsten Schalter für die libcamera-Apps ab. Es gibt aber noch viele weitere. Eine vollständige technische Beschreibung von libcamera, einschließlich der Unterschiede zu den älteren Anwendungen raspivid und raspistill, findest du unter **rptl.io/camera-software**.

Kapitel 9

Raspberry Pi Pico und Pico W

Raspberry Pi Pico und Pico W bringen eine ganz neue Dimension in deine Physical-Computing-Projekte.

Raspberry Pi Pico und Pico W sind *Mikrocontroller-Entwicklungsplatinen*. Sie wurden eigens entwickelt, um mit Physical Computing zu experimentieren, und nutzen einen speziellen Prozessortyp: einen *Mikrocontroller*. Der Raspberry Pi Pico und der Pico W sind nicht größer als ein Kaugummi-Streifen. Ihre Leistung verdanken sie dem Chip in der Mitte: einem RP2040 Mikrocontroller.

Der Raspberry Pi Pico und der Pico W sind nicht als Ersatz für den Raspberry Pi gedacht, der einer anderen Klasse von Einplatinen-Computern angehört. Den Raspberry Pi kannst du zum Spielen von Spielen, zum Schreiben von Programmen oder zum Surfen im Internet verwenden, wie in den früheren Kapiteln dieses Handbuchs beschrieben. Der Raspberry Pi Pico hingegen ist speziell für Physical-Computing-Projekte ausgelegt. Er wird zur Steuerung von LEDs, Sensoren, Motoren und sogar anderen Mikrocontrollern eingesetzt.

Dank seiner multifunktionalen General-Purpose Input/Output (GPIO)-Pins kannst du auch mit dem Raspberry Pi Physical Computing betreiben. Jedoch bietet ein Mikrocontroller-Entwicklungsboard gegenüber einem Einplatinencomputer eine Reihe von Vorteilen. Der Raspberry Pi Pico ist kleiner und preisgünstiger und bietet einige spezielle Funktionen für Physical Computing, wie z. B. hochpräzise Zeitmesser und programmierbare Eingabe/Ausgabe-Systeme.

Dieses Kapitel soll keine vollständige Anleitung dafür sein, was du mit dem Raspberry Pi Pico und Pico W alles machen kannst, und du musst keinen Pico kaufen, um das Beste aus deinem Raspberry Pi herauszuholen. Wenn du bereits einen Raspberry Pi Pico oder Pico W besitzt oder einfach nur mehr über sie erfahren möchtest, dient dieses Kapitel als Einführung in die wichtigsten Funktionen.

Um einen vollständigen Überblick über die Funktionen des Raspberry Pi Pico und Pico W zu erhalten, solltest du dir das Buch *Get Started with MicroPython on Raspberry Pi Pico* besorgen.

Eine Einführung in den Raspberry Pi Pico

Der Raspberry Pi Pico – kurz „Pico" – ist noch kleiner als ein Raspberry Pi Zero, das kompakteste Modell der Einplatinen-Computer-Familie von Raspberry Pi. Trotzdem enthält er eine Menge Funktionen, die alle über die Pins rund um den Platinenrand herum zugänglich sind. Er ist in zwei Versionen erhältlich: Raspberry Pi Pico und Raspberry Pi Pico W. Den Unterschied zwischen den beiden Versionen erfährst du später.

Abbildung 9-1 zeigt deinen Raspberry Pi Pico von oben gesehen („Draufsicht"). Wenn du auf die längeren Kanten schaust, siehst du goldfarbene Abschnitte (Pads) mit kleinen Löchern. Dies sind die Pins, die den RP2040-Mikrocontroller mit der Außenwelt verbinden – bekannt als Eingang/Ausgang (IO).

Abbildung 9-1   Die Oberseite der Leiterplatte

Die Pins auf dem Pico sind den Pins der multifunktionalen General-Purpose I/O (GPIO)-Stiftleisten auf deinem Raspberry Pi sehr ähnlich. Bei den meisten Raspberry Pi-Einplatinen-Computern sind jedoch die physischen Metallstifte schon angebracht, während dies beim Raspberry Pi Pico und beim Pico W nicht der Fall ist.

Wenn du einen Pico mit eingelöteten Stiftleisten kaufen möchtest, frage nach einem Raspberry Pi Pico H oder Pico WH. Es gibt einen guten Grund, Modelle ohne bereits montierte Stiftleisten zu verkaufen. Schaue dir den äußeren Rand der Leiterplatine an und du wirst sehen, dass er kleine „Unebenheiten" aufweist, mit kreisförmigen Aussparungen (**Abbildung 9-2**).

Durch diese Unebenheiten entsteht eine so genannte *Wabenleiterplatte*, die durch Löten auf andere Leiterplatten aufgesteckt werden kann, ohne dass physische Metallstifte angebracht werden müssen. Das ist praktisch, um die Höhe gering zu halten, was ein kleineres Projekt ermöglicht. Wenn du ein Gadget von der Stange kaufst, das mit dem Raspberry Pi Pico oder Pico W betrieben wird, ist es mit ziemlicher Sicherheit mit Waben ausgestattet.

Die Löcher – etwas nach innen abgerückt von den Unebenheiten – dienen zur Aufnahme von 2,54 mm männlichen Stiftleisten. Es ist dieselbe Art von Stiften, die auch in der GPIO-Stiftleiste des größeren Raspberry Pi verwendet werden. Wenn du diese nach unten zeigend einlötest, kannst du den Pico in eine *lötfreie Steckplatine* drücken. Das macht das Anschließen und Abziehen neuer Hardware sehr einfach und ist perfekt für Experimente.

Der Chip in der Mitte deines Pico (**Abbildung 9-3**) ist ein RP2040-Mikrocontroller. Dies ist ein *kundenspezifischer integrierter Schaltkreis* (IC), der von Raspberry Pi entwickelt und gebaut wurde und als Gehirn deines Pico und anderer Mikrocontroller-basierter Geräte fungiert. Wenn du ihn gegen das Licht hältst, siehst du das Raspberry Pi-Logo, das in die Oberseite des Chips geätzt ist. Dort erkennst du auch Buchstaben und Zahlen, die angeben, wann und wo der Chip hergestellt wurde.

Abbildung 9-2
Wabenstruktur

Abbildung 9-3
RP2040 Chip

An der Oberseite des Pico befindet sich ein *Micro-USB-Anschluss* (**Abbildung 9-4**). Er versorgt deinen Pico mit Strom und sendet und empfängt Daten, damit dein Pico über den USB-Anschluss mit einem Raspberry Pi oder einem anderen Computer kommunizieren kann. Dies macht es möglich, Programme in deinen Pico zu laden.

Wenn du den Pico hochhältst und den Micro-USB-Anschluss von vorn betrachtest, wirst du sehen, dass er unten schmaler und oben breiter ist. Nimm ein Micro-USB-Kabel zur Hand, und du siehst, dass sein Anschluss identisch ist.

Das Micro-USB-Kabel lässt sich nur in einer Richtung in den Micro-USB-Anschluss des Pico einstecken. Achte beim Anschließen darauf, dass die schmalen und breiten Seiten richtig herum ausgerichtet sind. Denn wenn du versuchst, das Micro-USB-Kabel mit Gewalt falsch herum einzuklemmen, könnte das den Pico beschädigen!

Direkt unterhalb des Micro-USB-Anschlusses befindet sich eine kleine Taste mit der Aufschrift „BOOTSEL" (**Abbildung 9-5**). „BOOTSEL" ist die Abkürzung für *boot selection (also: Boot-Auswahl),* die deinen Pico beim ersten Einschalten zwischen zwei Startmodi umschaltet. Diese Bootsel-Auswahltaste wirst du später verwenden, wenn du deinen Pico für die Programmierung vorbereitest.

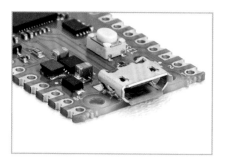

Abbildung 9-4
Micro-USB-Anschluss

Abbildung 9-5
Bootsel-Auswahltaste

An der Unterseite des Pico befinden sich drei kleinere goldene Pads mit der Bezeichnung „DEBUG" (**Abbildung 9-6**). Sie dienen dem *Debugging,* also der Fehlersuche in Programmen, die auf dem Pico mithilfe eines speziellen Tools laufen, das *Debugger* genannt wird. Am Anfang wirst du die Debug-Stiftleiste nicht brauchen, aber wenn du größere und kompliziertere Programme schreibst, kann sie nützlich sein. Bei manchen Raspberry Pi Pico-Modellen werden die Debug-Pads durch einen kleinen, dreipoligen Anschluss ersetzt.

Wenn du den Pico umdrehst siehst du, dass er auf der Unterseite beschriftet ist (**Abbildung 9-7**). Dieser aufgedruckte Text ist die *Siebdruckschicht,* die jeden Stift mit seiner Kernfunktion kennzeichnet: GPO und GP1, GND, RUN und 3V3. Falls du vergessen solltest, welcher Pin welcher ist, kannst du dich über diese Beschriftung zurechtfinden. Allerdings ist sie nicht sichtbar, wenn der Pico in einer Leiterplatte steckt. Deshalb haben wir die vollständigen Pinbelegungs-Diagramme zur leichteren Orientierung in diesem Handbuch abgedruckt.

Du hast vielleicht bemerkt, dass nicht alle Bezeichnungen mit ihren Pins ausgerichtet sind. Die kleinen Löcher oben und unten auf der Leiterplatte sind Montagelöcher. Sie dienen dazu, den Pico mit Schrauben oder Muttern und

Abbildung 9-6
Debug-Pads

Abbildung 9-7 Beschriftete Unterseite

Bolzen dauerhaft an Projekten zu befestigen. Dort, wo die Löcher den Bezeichnung im Weg sind, werden die Bezeichnungen weiter nach oben oder unten auf der Leiterplatte verschoben. Schau dir die obere rechte Ecke an. VBUS ist der erste Stift links, VSYS der zweite und GND der dritte.

Du siehst auch einige flache goldene Pads, die mit „TP" und einer Zahl gekennzeichnet sind. Dies sind Testpunkte, gedacht für Ingenieure, die den Raspberry Pi Pico nach dem Zusammenbau im Werk überprüfen. Du selbst wirst sie nicht brauchen. Je nach Testpad wird ein Multimeter oder ein Oszilloskop verwendet, um zu testen, ob der Pico richtig funktioniert, bevor er verpackt und an dich versandt wird.

Wenn du einen Raspberry Pi Pico W oder Pico WH hast, findest du ein weiteres Bauteil auf der Leiterplatte: ein silbernes Metallrechteck (**Abbildung 9-8**). Dies ist ein Schild für ein drahtloses Modul, wie das auf dem Raspberry Pi 4 und Raspberry Pi 5, mit dem du deinen Pico mit einem Wi-Fi-Netzwerk oder mit Bluetooth-Geräten verbinden kannst. Es ist mit einer kleinen Antenne verbunden, die sich ganz unten auf der Leiterplatte befindet. Deshalb findest du die Debug-Pads oder den Anschluss beim Raspberry Pi Pico W und Pico WH näher an der Mitte der Leiterplatte.

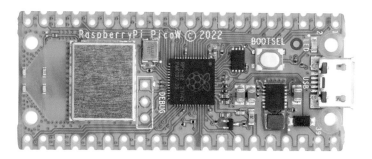

Abbildung 9-8   Das Raspberry Pi Pico W Funkmodul und die Antenne

Stiftleisten-Pins

Wenn du deinen Raspberry Pi Pico oder Pico W auspackst, wirst du feststellen, dass er vollkommen flach ist. An den Seiten ragen keine metallischen Pins heraus, wie du es von der GPIO-Stiftleiste deines Raspberry Pi oder vom Raspberry Pi Pico H und Pico WH kennst. Du kannst die Waben verwenden, um deinen Pico auf einer anderen Leiterplatte zu befestigen oder um direkt Drähte für ein Projekt einzulöten, bei dem der Pico dauerhaft befestigt werden soll.

Der einfachste Weg, den Pico zu verwenden, ist jedoch, ihn auf einer Steckplatine (oder „Breadboard") zu befestigen – und dafür musst du Stiftleisten anbringen. Zum Anbringen von Stiftleisten auf dem Raspberry Pi Pico brauchst du einen Lötkolben, der die Pins und Pads erhitzt, damit sie mit einer weichen Metalllegierung, dem sogenannten *Lot,* verbunden werden können.

Für die einführenden Projekte in diesem Kapitel musst du keine Pins mit dem Pico verbinden. Wenn du jedoch kompliziertere Projekte bauen willst, kannst du in Kapitel 1 von *Get Started with MicroPython on Raspberry Pi Pico* erfahren, wie du die Pins sicher einlötest. Du kannst auch nachfragen, ob dein bevorzugter Raspberry Pi-Händler eine Version des Raspberry Pi Pico führt, bei der die Pins bereits angelötet sind. Diese sind als Raspberry Pi Pico H und Raspberry Pi Pico WH für die Standard- bzw. Wi-Fi-Version bekannt.

Installation von MicroPython

Genau wie deinen Raspberry Pi kannst du auch den Raspberry Pi Pico in Python programmieren. Da es sich jedoch um einen Mikrocontroller und nicht um einen Einplatinencomputer handelt, benötigt er eine spezielle Version, die als *MicroPython* bezeichnet wird.

MicroPython funktioniert genau wie normales Python und du kannst die gleiche Thonny IDE wie beim Programmieren des Raspberry Pi verwenden. Einige Funktionen des regulären Python fehlen in MicroPython. Dafür gibt es zusätzlich andere, wie z.B. spezielle Bibliotheken für Mikrocontroller und deren Peripheriegeräte.

Bevor du deinen Pico in MicroPython programmieren kannst, musst du die *Firmware* herunterladen und installieren. Stecke zunächst ein Micro-USB-Kabel in den Micro-USB-Anschluss des Pico. Vergewissere dich, dass es richtig herum eingesteckt ist, bevor du es vorsichtig einschiebst.

> **WICHTIGER HINWEIS**
>
> Um MicroPython auf deinem Pico zu installieren, musst du es aus dem Internet herunterladen. Das brauchst du nur ein einziges Mal zu tun. Wenn MicroPython einmal installiert ist, bleibt es auf dem Pico, es sei denn, du ersetzt es irgendwann durch etwas anderes.

Halte die **BOOTSEL**-Auswahltaste auf der Oberseite deines Pico gedrückt und schließe das andere Ende des Micro-USB-Kabels an einen der USB-Anschlüsse deines Raspberry Pi oder eines anderen Computers an, während du die Taste weiterhin gedrückt hältst. Zähle bis drei und gib die Taste dann frei.

> **HINWEIS**
>
> Unter macOS wirst du möglicherweise gefragt, ob du die Verbindung von Zubehör zulassen willst („**Verbinden von Zubehör erlauben**"), wenn du den Pico an deinen Computer anschließt. Wenn ja, klickst du auf **Erlauben**. Nachdem du MicroPython auf deinem Pico installiert hast, kann es sein, dass macOS die Frage ein zweites Mal stellt, weil der Pico jetzt wie ein anderes Gerät aussieht.

Nach ein paar Sekunden sollte der Pico als Wechsellaufwerk angezeigt werden. Ganz so, als hättest du einen USB-Stick oder eine externe Festplatte angeschlossen. Der Raspberry Pi zeigt ein Pop-up-Fenster an und fragt, ob du das Laufwerk im Dateimanager öffnen möchtest. Achte darauf, dass **Im Dateimanager öffnen** ausgewählt ist und klicke auf **OK**.

Im Fenster „Dateimanager" siehst du zwei Dateien auf dem Pico (**Abbildung 9-9**): INDEX.HTM und INFO_UF2.TXT. Die zweite Datei enthält Informationen über den Pico, beispielsweise die Version des Bootloaders, den er gerade ausführt. Die erste Datei, **INDEX.HTM**, ist ein Link zur Raspberry Pi Pico Website. Doppelklicke auf diese Datei oder öffne deinen Webbrowser und gib in die Adressleiste **rptl.io/microcontroller-docs** ein.

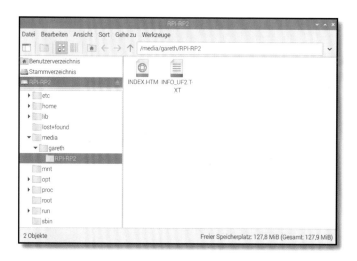

Abbildung 9-9   Du siehst zwei Dateien auf dem Raspberry Pi Pico

Wenn sich die Webseite öffnet, siehst du Informationen über Raspberry Pi Mikrocontroller und die Entwicklungsboards, einschließlich Raspberry Pi Pico und Pico W. Klicke auf das MicroPython-Feld, um zur Seite für den Firmware-Download zu gelangen. Scrolle abwärts zu dem Abschnitt mit der Bezeichnung **Drag-and-Drop MicroPython**, wie in **Abbildung 9-10** gezeigt, und suche den Link für die MicroPython-Version für deine Leiterplatte. Es gibt einen für Raspberry Pi Pico und Pico H und einen für Raspberry Pi Pico W und Pico WH. Klicke auf den Link, um die entsprechende UF2-Datei herunterzuladen. Wenn du versehentlich die falsche Datei herunterlädst, kannst du jederzeit zu dieser Seite zurückkehren und mit demselben Verfahren eine neue Firmware auf dein Gerät flashen.

Öffne ein neues Dateimanager-Fenster und navigiere dann zu deinem **Downloads**-Ordner. Suche die Datei, die du gerade heruntergeladen hast. Sie trägt den Namen **rp2-pico** oder **rp2-pico-w**, gefolgt von einem Datum, sowie Text und Zahlen. Diese dienen dazu, verschiedene Firmware-Versionen zu unterscheiden. Am Schluss steht die Erweiterung „**uf2**".

Abbildung 9-10   Klicke auf den Link, um die MicroPython-Firmware herunterzuladen

---

HINWEIS

Um den Downloads-Ordner auf deinem Raspberry Pi zu finden, klickst du auf das Raspberry Pi-Menü, wählst **Zubehör** und öffnest den **PCManFM Dateimanager**. Als Nächstes suchst du nach **Downloads** in der Liste der Ordner links im **PCManFM Dateimanager**-Fenster. Je nachdem, wie viele Ordner du auf dem Raspberry Pi hast, musst du eventuell durch die Liste scrollen, um sie zu finden.

Klicke mit der Maustaste auf die UF2-Datei, halte sie gedrückt und ziehe sie in das andere Fenster des Dateimanagers, das auf dem Wechseldatenträger des Pico geöffnet ist. Bewege die Maus über das Fenster und lasse die Maustaste los, um die Datei auf dem Pico abzulegen (**Abbildung 9-11**).

Nach ein paar Sekunden siehst du, dass das Pico-Laufwerkfenster aus dem **PCManFM Dateimanager**, **Explorer** oder **Finder** verschwindet. Möglicherweise erhältst du auch die Warnung, dass ein Laufwerk entfernt wurde, ohne vorher ausgeworfen worden zu sein. Keine Angst, das soll so sein! Als du die MicroPython-Firmware-Datei auf den Pico gezogen hast, hast du die Instruktion gegeben, die Firmware auf seinen internen Speicher zu übertragen (flash). Dazu schaltet der Pico aus dem speziellen Modus, in den du ihn mit der BOOTSEL-Taste versetzt hast, heraus, flasht die neue Firmware und lädt sie dann. Dies bedeutet, dass MicroPython jetzt auf dem Pico läuft.

Herzlichen Glückwunsch! Du bist nun in der Lage, mit MicroPython auf deinem Raspberry Pi Pico loszulegen.

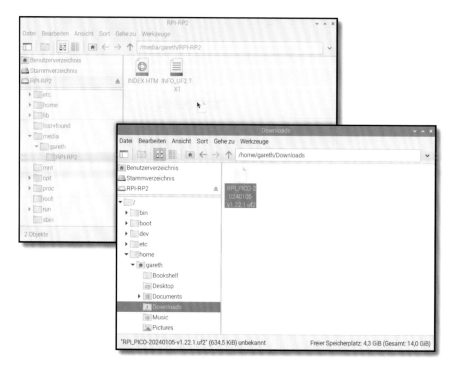

Abbildung 9-11   Ziehe die MicroPython-Firmware-Datei auf den Raspberry Pi Pico

WEITERFÜHRENDE LEKTÜRE

Die über **INDEX.HTM** verlinkte Webseite ist nicht nur ein Ort, an dem du MicroPython herunterladen kannst. Sie enthält auch jede Menge weiterer Ressourcen. Klicke auf den Tab und stöbere in den Anleitungen, Projekten und in der *data book*-Sammlung. Dies ist ein Bücherregal mit detaillierter technischer Dokumentation, die alles abdeckt – vom Innenleben des RP2040-Mikrocontrollers, der deinen Pico antreibt, bis hin zur Programmierung in den Sprachen Python und C/C++.

Die Pins des Pico

Der Pico kommuniziert mit der Hardware über eine Reihe von Pins entlang seiner beiden Kanten. Die meisten dieser Pins arbeiten als programmierbare Ein- und Ausgänge (PIO), d.h. sie können so programmiert werden, dass sie entweder als Eingang oder als Ausgang fungieren. Sie haben keine Funktion, bis du ihnen eine zuweist. Manche Pins sind mit zusätzlichen Funktionen und alternativen Modi für die Kommunikation mit komplizierterer Hardware ausgestattet. Andere dienen einem bestimmten Zweck und bieten Anschlüsse für beispielsweise die Stromversorgung.

Die 40 Pins des Raspberry Pi Pico sind auf der Unterseite der Leiterplatte beschriftet. Drei davon sind auch auf der Oberseite der Leiterplatte mit ihren Nummern beschriftet: Pin 1, Pin 2 und Pin 39. Diese oberen Beschriftungen helfen dabei, dir die Nummerierung zu merken. Pin 1 befindet sich oben links, wenn du von oben auf die Leiterplatte schaust, und der Micro-USB-Anschluss befindet sich auf der oberen Seite. Pin 19 ist unten links, Pin 20 unten rechts und Pin 39 oben rechts, unterhalb des unbeschrifteten Pin 40. Die Beschriftung auf der Unterseite ist ausführlicher, aber du wirst sie nicht sehen können, wenn dein Pico in ein Breadboard eingesteckt ist.

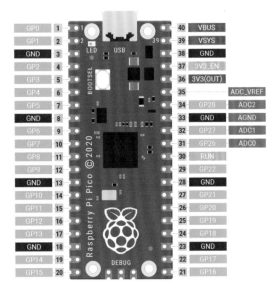

Abbildung 9-12   Die Pins des Raspberry Pi Pico, von der oberen Seite der Leiterplatte aus gesehen

Auf dem Raspberry Pi Pico werden die Pins in der Regel nach ihrer Funktion (siehe **Abbildung 9-12**) und nicht nach ihrer Nummer benannt. Es gibt mehrere Kategorien von Stifttypen, wobei jede eine bestimmte Funktion hat:

▸ **3V3** – *3,3-Volt-Strom* – Eine Quelle für 3,3-V-Strom, der vom VSYS-Eingang erzeugt wird. Diese Stromversorgung kann über den darüber liegenden Pin 3V3_EN ein- und ausgeschaltet werden, wodurch auch der Pico ausgeschaltet wird.

▸ **VSYS** – *~2–5 Volt-Strom* – Ein Pin, der direkt mit der internen Stromversorgung des Pico verbunden ist und nicht ausgeschaltet werden kann, ohne auch den Pico auszuschalten.

- **VBUS** — *5 Volt-Strom* – Eine 5-V-Stromquelle, die vom Micro-USB-Anschluss deines Pico abgenommen und für Hardware verwendet wird, die mehr als 3,3 V benötigt.

- **GND** – *0 Volt Masse* – Eine Masseverbindung, um einen an eine Stromquelle angeschlossenen Stromkreis zu schließen. Mehrere GND-Pins sind auf dem Pico verteilt, um die Verdrahtung zu erleichtern.

- **GPxx** – *GPIO-Pin-Nr. xx* – Die für dein Programm verfügbaren GPIO-Pins sind mit GP0 bis GP28 beschriftet.

- **GPxx_ADCx** – *GPIO-Pin-Nr. xx, mit Analogeingangs-Nr. x* – Ein GPIO-Pin, der auf ADC und eine Zahl endet, kann sowohl als Analogeingang als auch als digitaler Ein- oder Ausgang verwendet werden – aber nicht beides gleichzeitig.

- **ADC_VREF** – *Analog-Digital-Wandler (ADC) Spannungsreferenz* – Ein spezieller Eingangs-Pin legt eine Referenzspannung für beliebige Analogeingänge fest.

- **AGND** – *Analog-Digital-Wandler (ADC) 0 Volt Masse* – Ein spezieller Masseanschluss wird mit dem ADC_VREF-Pin verwendet.

- **RUN** – *Aktiviert oder deaktiviert den Pico.* Die Stiftleiste zum Ausführen („RUN") wird verwendet, um den Pico von einem anderen Mikrocontroller aus zu starten und zu stoppen.

Verbinden von Thonny mit Pico

Lade zunächst Thonny. Klicke auf das Raspberry Pi-Menü oben links auf deinem Bildschirm, bewege die Maus zum Abschnitt **Entwicklung** und klicke auf **Thonny**.

Wenn dein Pico mit deinem Raspberry Pi verbunden ist, klickst du unten rechts im Fenster von Thonny auf **Lokales Python 3**. Dies zeigt den aktuellen Interpreter, der dafür verantwortlich ist, deine Anweisungen in Code umzuwandeln, den der Computer oder Mikrocontroller versteht und ausführen kann. Normalerweise ist der Python-Interpreter die Kopie von Python, die auf dem Raspberry Pi läuft. Aber er muss geändert werden, damit er deine Programme in MicroPython auf dem Pico ausführen kann.

Suche in der nun angezeigten Liste nach „MicroPython (Raspberry Pi Pico)" (**Abbildung 9-13**) und klicke darauf. Falls du deinen Pico nicht in der Liste findest, überprüfst du, ob er richtig an das Micro-USB-Kabel angeschlossen ist und ob dieses richtig an den Raspberry Pi oder einen anderen Computer angeschlossen ist.

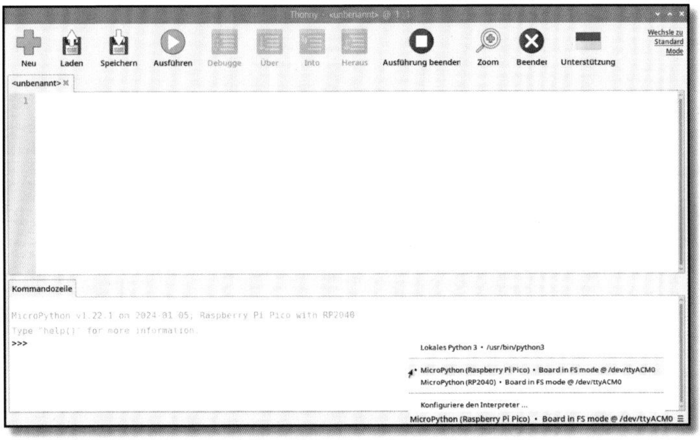

Abbildung 9-13   Auswahl eines Python-Interpreters

PYTHON-PROFIS

Dieses Kapitel setzt voraus, dass du mit der Thonny IDE und dem Schreiben einfacher Python Programme vertraut bist. Wenn du das noch nicht getan hast, solltest du die Projekte auf Kapitel 5, *Programmieren mit Python* durcharbeiten, bevor du mit diesem Kapitel fortfährst.

WECHSEL DES INTERPRETERS

Die Wahl des Interpreters bestimmt, wo und wie dein Programm ausgeführt wird. Wenn du die Option **MicroPython (Raspberry Pi Pico)** wählst, werden die Programme auf deinem Pico ausgeführt. Wählst du **Lokales Python 3**, werden die Programme stattdessen auf deinem Raspberry Pi ausgeführt.

Wenn du feststellst, dass Programme nicht dort laufen, wo du es erwartest, überprüfe, auf welchen Interpreter Thonny eingestellt ist!

Dein erstes MicroPython-Programm: Hallo Welt!

Du kannst überprüfen, ob alles funktioniert, wie du es beim Schreiben von Python-Programmen auf dem Raspberry Pi gelernt hast – indem du ein einfaches „Hallo Welt"-Programm schreibst. Klicke zunächst auf den Python-Shell-Bereich im unteren Teil des Thonny-Fensters, unmittelbar rechts neben

den >>>-Symbolen unten, und gib die folgende Anweisung ein, bevor du auf
ENTER drückst:

```
print("Hallo Welt!")
```

Sobald du **ENTER** drückst, siehst du, dass dein Programm sofort ausgeführt
wird. Python antwortet im gleichen Shell-Bereich mit der Meldung „**Hallo
Welt!**" (**Abbildung 9-14**), ganz wie gewünscht. Das liegt daran, dass die Shell
eine direkte Verbindung zum MicroPython-Interpreter darstellt, der auf
deinem Pico läuft und dessen Aufgabe es ist, deine Anweisungen entgegen-
zunehmen und auszuführen. Dieser interaktive Modus funktioniert genauso
wie beim Programmieren deines Raspberry Pi. Anweisungen, die du in den
Shell-Bereich schreibst, werden sofort und ohne Verzögerung ausgeführt. Der
einzige Unterschied ist, dass sie an deinen Pico geschickt werden, um sie auszuführen, und das Ergebnis – in diesem Fall die Nachricht „Hallo Welt!" – an
den Raspberry Pi zurück geschickt wird, um angezeigt zu werden.

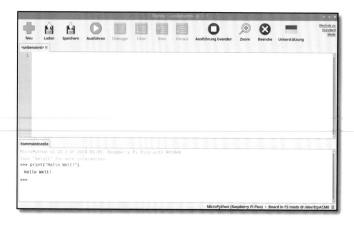

Abbildung 9-14 MicroPython gibt die Nachricht „Hallo Welt!" im Shell-Bereich
aus.

Du musst deinen Pico (oder deinen Raspberry Pi) aber nicht notwendigerwei-
se im interaktiven Modus programmieren. Klicke auf den Skriptbereich im
Thonny-Fenster und gib dann das Programm erneut ein:

```
print("Hallo Welt!")
```

Wenn du jetzt **ENTER** drückst, passiert nichts – außer, dass im Skriptbereich
eine neue, leere Zeile angezeigt wird. Um diese Version deines Programms
zum Laufen zu bringen, klickst du auf das **Ausführen**-Symbol ◯ in der Thonny-Symbolleiste.

Auch wenn das hier ein einfaches Programm ist, solltest du dir angewöhnen, deine Arbeit zu speichern. Bevor du also dein Programm ausführst, klickst du auf das **Speichern**-Symbol 💾. Du wirst gefragt, ob du dein Programm auf „Dieser Computer", also auf deinem Raspberry Pi oder einem anderen Computer, auf dem du Thonny ausführst, oder auf „**Raspberry Pi Pico**" (**Abbildung 9-15**) speichern willst. Klicke auf **Raspberry Pi Pico**, gib einen beschreibenden Namen wie **Hallo Welt.py** ein und klicke auf den OK-Button.

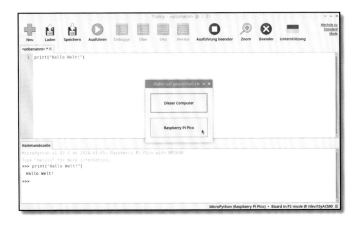

Abbildung 9-15 Speichern eines Programms auf dem Pico

Klicke erneut auf das **Ausführen**-Symbol ▶. Es wird automatisch auf deinem Pico ausgeführt. Im Shell-Bereich am unteren Rand des Thonny-Fensters werden zwei Meldungen angezeigt:

```
>>> %Run -c $EDITOR_CONTENT
Hallo Welt!
```

Die erste dieser Zeilen ist eine Anweisung von Thonny, die den MicroPython-Interpreter auf dem Pico anweist, den Inhalt des Skriptbereichs – den „EDITOR_CONTENT" – auszuführen. Die zweite Zeile enthält die Ausgabe des Programms – die Nachricht, die MicroPython ausgeben soll. Herzlichen Glückwunsch! Du hast jetzt zwei MicroPython-Programme geschrieben – im interaktiven und im Skript-Modus – und sie erfolgreich auf deinem Pico ausgeführt.

Fehlt nur noch ein letztes Teil des Puzzles – das erneute Laden des Programms. Schließe Thonny, indem du unter Windows oder Linux auf das X oben rechts im Fenster drückst (unter macOS verwendest du den Schließen-Button oben links im Fenster). Starte dann Thonny erneut. Anstatt ein neues Programm zu schreiben, klickst du dieses Mal auf das **Laden**-Symbol 📂 in der Thonny-Symbolleiste. Du wirst gefragt, ob du es unter „**Dieser Computer**" oder wieder unter „**Raspberry Pi Pico**" speichern willst. Klicke auf **Raspberry**

Pi Pico und du siehst eine Liste mit allen Programmen, die du auf deinem Pico gespeichert hast.

❓ EIN PICO VOLLER PROGRAMME

Wenn du Thonny anweist, dein Programm auf dem Pico zu speichern, bedeutet das, dass die Programme auf dem Pico selbst abgelegt werden. Wenn du deinen Pico aus der Steckdose ziehst und an einen anderen Computer anschließt, sind deine Programme immer noch dort, wo du sie gespeichert hast – auf deinem Pico.

Suche in der Liste nach **Hallo_Welt.py**. Wenn dein Pico neu ist, ist dies die einzige Datei. Klicke darauf, um sie auszuwählen, und dann auf OK. Dein Programm wird in Thonny geladen und kann dort bearbeitet werden, oder du kannst es erneut ausführen.

❓ HERAUSFORDERUNG: NEUE MELDUNG

Kannst du die Meldung ändern, die das Python-Programm ausgibt? Falls du weitere Meldungen hinzufügen wolltest, würdest du dafür den interaktiven Modus oder den Skript-Modus verwenden? Was passiert, wenn du die Klammern oder Anführungszeichen aus dem Programm entfernst und dann versuchst, es erneut auszuführen?

Dein erstes Physical Computing-Programm: Hallo LED!

So wie die Ausgabe von „Hallo Welt" auf dem Bildschirm der typische erste Schritt beim Erlernen einer Programmiersprache ist, steht das Aufleuchten einer LED für die traditionelle Einführung in das Physical Computing auf einer neuen Plattform. Du kannst auch ohne zusätzliche Komponenten loslegen. Dein Raspberry Pi Pico verfügt selbst über eine kleine LED – eine sogenannte *Oberflächenmontage-Diode („SMD-LED")*.

Finde zunächst diese LED. Es ist das kleine rechteckige Bauteil links neben dem Micro-USB-Anschluss oben auf der Leiterplatte (**Abbildung 9-16**), das mit einem Aufkleber mit der Aufschrift „LED" gekennzeichnet ist.

Die On-Board-LED ist mit einem der Allzweck-Ein-/Ausgangspins des RP2040 – GP25 – verbunden. Dies ist einer der „fehlenden" GPIO-Pins, die der RP2040-Mikrocontroller bereitstellt, die aber nicht als ein physischer Pin an der Kante deines Pico herausgeführt sind. Obwohl du außer der On-Board-LED keine externe Hardware an den Pin anschließen kannst, kann er in deinen Programmen genauso behandelt werden wie jeder andere GPIO-Pin.

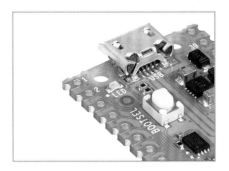

Abbildung 9-16
Die On-Board-LED befindet sich links neben dem
Micro-USB-Anschluss

Das ist eine einfache Möglichkeit, deinen Programmen einen Output hinzuzufügen, ohne dass du zusätzliche Bauteile benötigst.

Klicke in Thonny auf das **Neu**-Symbol 🞤 und starte dein Programm mit der folgenden Zeile:

```
import machine
```

Diese kurze Codezeile ist der Schlüssel zur Arbeit mit MicroPython auf deinem Pico. Sie lädt (*importiert*) eine Sammlung von MicroPython-Code – *Bibliothek* genannt. In diesem Fall ist es die **machine**-Bibliothek. Die **machine**-Bibliothek enthält alle Anweisungen, die MicroPython benötigt, um mit dem Pico und anderen MicroPython-kompatiblen Geräten zu kommunizieren, und erweitert die Sprache für Physical Computing. Ohne diese Zeile kannst du keinen der GPIO-Pins des Pico ansteuern – und auch die integrierte LED nicht zum Leuchten bringen.

Die **machine**-Bibliothek erstellt eine sogenannte *Anwendungsprogrammierschnittstelle (API)*. Der Name klingt kompliziert, beschreibt aber genau, was sie tut. Sie bietet deinem Programm – oder der *Anwendung* – eine Möglichkeit, mit dem Pico über eine *Schnittstelle* zu kommunizieren.

Die nächste Zeile deines Programms liefert ein Beispiel für die API der **machine**-Bibliothek:

```
led_onboard = machine.Pin("LED", machine.Pin.OUT)
```

Diese Zeile definiert ein Objekt namens **led_onboard**. Ein passender Name, mit dem du später in deinem Programm auf die On-Board-LED verweisen kannst. Es ist technisch möglich, hier jeden beliebigen Namen zu verwenden.

Aber am besten bleibst du bei Namen, die den Zweck der Variablen beschreiben, damit das Programm leichter zu lesen und zu verstehen ist.

Der zweite Teil der Zeile ruft die **Pin**-Funktion in der Maschinenbibliothek auf. Diese Funktion ist, wie der Name schon sagt, für den Umgang mit den GPIO-Pins deines Pico gedacht. Im Moment ist keinem der GPIO-Pins – einschließlich GP25, dem Pin, der mit der On-Board-LED verbunden ist –, eine Aufgabe zugeordnet. Das erste Argument, **LED**, ist ein spezielles *Makro,* das der integrierten LED zugewiesen ist und das du verwenden kannst, ohne dir die Nummer des Pins merken zu müssen. Das zweite, `machine.Pin.OUT`, teilt dem Pico mit, dass der Pin als *Ausgang* verwendet werden soll, und nicht als *Eingang.*

Diese Zeile allein reicht aus, um den Pin einzurichten, aber sie lässt die LED nicht aufleuchten. Dazu musst du den Pico anweisen, den Pin tatsächlich einzuschalten. Gib folgenden Code in die nächste Zeile ein:

```
led_onboard.value(1)
```

Diese Zeile verwendet ebenfalls die API der Maschinenbibliothek. Deine frühere Zeile hat das Objekt **led_onboard** als Ausgang mit Hilfe des **LED**-Makros an Pin GP25 erstellt. Diese Zeile nimmt das Objekt und setzt seinen *Wert* auf 1 für „Ein". Sie könnte den Wert auch auf 0 setzen, also auf „Aus".

PIN-NUMMERN

Die GPIO-Pins auf dem Pico werden normalerweise mit ihrem vollen Namen bezeichnet - beispielsweise GP25 für den Pin, der mit der On-Board-LED verbunden ist. In MicroPython werden die Buchstaben G und P jedoch weggelassen. Wenn du also die Stiftnummer statt des **LED**-Makros verwendest, musst du im Programm „25" und nicht „GP25" schreiben, sonst funktioniert es nicht!

Klicke auf den **Ausführen**-Button und speichere das Programm auf dem Pico als **Blink.py**. Du siehst die LED aufleuchten. Herzlichen Glückwunsch – du hast gerade dein erstes Physical Computing-Programm geschrieben!

Du wirst jedoch feststellen, dass die LED weiterhin leuchtet. Das liegt daran, dass dein Programm den Pico anweist, sie einzuschalten, aber niemals, sie auszuschalten. Du kannst eine weitere Zeile ans Ende deines Programms anfügen:

```
led_onboard.value(0)
```

Wenn du das Programm jetzt ausführst, scheint die LED niemals aufzuleuchten. Der Grund ist, dass dein Pico sehr, sehr schnell arbeitet – viel schneller, als du mit bloßem Auge sehen kannst. Die LED leuchtet auf, aber für so kurze Zeit, dass sie dunkel zu bleiben scheint. Um Abhilfe zu schaffen, musst du dein Programm verlangsamen, indem du eine Verzögerung einfügst.

Gehe zurück an den Anfang des Programms. Klicke auf das Ende der ersten Zeile und drücke **ENTER**, um eine neue zweite Zeile einzufügen. Hier gibst du ein:

```
import utime
```

Wie **import machine** importiert auch diese Zeile eine neue Bibliothek in MicroPython: die **utime**-Bibliothek. Diese Bibliothek kümmert sich um alles, was irgendwie mit Zeit zu tun hat, vom Messen bis zum Einfügen von Verzögerungen in deine Programme.

Klicke auf das Ende der Zeile **led_onboard.value(1)** und drücke dann **ENTER**, um eine neue Zeile einzufügen. Gib Folgendes ein:

```
utime.sleep(5)
```

Dies ruft die Funktion **sleep** aus der **utime**-Bibliothek auf, die dein Programm für die eingegebene Anzahl von Sekunden pausieren lässt – in diesem Fall fünf Sekunden.

Klicke erneut auf den **Ausführen**-Button. Diesmal leuchtet die integrierte LED an deinem Pico auf, leuchtet fünf Sekunden lang – versuche mitzuzählen – und erlischt dann wieder.

UTIME ODER TIME?

Falls du schon einmal in Python programmiert hast, bist du schon daran gewöhnt, die **time**-Bibliothek zu verwenden. Die **utime**-Bibliothek ist eine Version, die für Mikrocontroller wie den Pico entwickelt wurde. Das „u" steht für „µ", den griechischen Buchstaben „my", der als Kurzform für „micro" verwendet wird. Wenn du es vergisst und **import time** verwendest, ist das kein Problem. MicroPython verwendet automatisch die **utime**-Bibliothek.

Doch jetzt wollen wir die LED zum Blinken bringen. Dazu musst du eine Schleife erstellen. Schreibe dein Programm so um, dass es mit dem unten stehenden übereinstimmt:

```
import machine
import utime
```

```
led_onboard = machine.Pin(LED, machine.Pin.OUT)

while True:
    led_onboard.value(1)
    utime.sleep(5)
    led_onboard.value(0)
    utime.sleep(5)
```

Denke daran, dass die Zeilen innerhalb der Schleife um vier Leerzeichen eingerückt werden müssen, damit MicroPython weiß, dass sie die Schleife bilden. Klicke erneut auf das **Ausführen**-Symbol ⊙ und du wirst sehen, wie die LED fünf Sekunden eingeschaltet, fünf Sekunden ausgeschaltet und dann wieder eingeschaltet wird – in einer Endlosschleife, die sich ständig wiederholt. Die LED blinkt weiter, bis du auf das **Ausführung beenden**-Symbol ⬤ klickst, um das Programm abzubrechen und den Pico zurückzusetzen.

Es gibt auch die Möglichkeit, die gleiche Aufgabe zu erledigen, indem man einen *Umschalter* verwendet, anstatt den Ausgang der LED explizit auf 0 oder 1 zu setzen. Lösche die letzten vier Zeilen deines Programms und ersetze sie so, dass es wie folgt aussieht:

```
import machine
import utime
```

```
led_onboard = machine.Pin(LED, machine.Pin.OUT)

while True:
    led_onboard.toggle()
    utime.sleep(5)
```

Führe dein Programm erneut aus. Du siehst die gleiche Aktivität wie zuvor. Die integrierte LED leuchtet fünf Sekunden lang auf, geht dann fünf Sekunden lang aus und leuchtet dann in einer Endlosschleife erneut auf. Diesmal ist dein Programm allerdings zwei Zeilen kürzer – du hast es *optimiert*. `toggle()` ist auf allen digitalen Ausgangspins verfügbar und wechselt einfach zwischen Ein und Aus. Wenn der Pin gerade an ist, schaltet `toggle()` ihn aus. Wenn er aus ist, schaltet `toggle()` ihn ein.

HERAUSFORDERUNG: LÄNGERES LEUCHTEN

Wie würdest du das Programm ändern, damit die LED länger leuchtet? Und wie, damit die LED länger ausgeschaltet bleibt? Welches ist die kleinste Verzögerung, bei der du die LED noch ein- und ausgehen siehst?

Herzlichen Glückwunsch! Du hast gelernt, was ein Mikrocontroller ist, wie du den Raspberry Pi Pico mit deinem Raspberry Pi verbindest, wie du MicroPython-Programme schreibst und wie du eine LED durch die Steuerung eines Pins am Pico umschaltest.

Es gibt noch viel mehr über deinen Raspberry Pi Pico zu lernen, wie die Verwendung mit einer Steckplatine (oder „Breadboard"), das Anschließen zusätzlicher Hardware wie LEDs, Tasten, Bewegungssensoren oder Bildschirme, – oder auch die Nutzung erweiterter Funktionen wie die *analog-Digital-Wandler (ADCs)* und *programmierbare Ein- und Ausgangs(PIO)*-Funktionen. Ganz zu schweigen davon, dass du deinen Raspberry Pi Pico auch an dein Netzwerk anschließen und dann mit dem *Internet der Dinge (IoT)* experimentieren kannst!

Um mehr zu erfahren, besorgst du dir am besten ein Exemplar von *Get Started with MicroPython on Raspberry Pi Pico*. Es ist bei allen guten Buchhändlern erhältlich, online und in gedruckter Form.

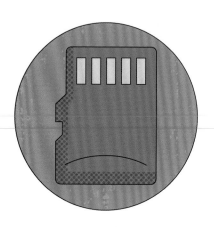

Anhang A

Installieren eines Betriebssystems auf einer microSD-Karte

Du kannst bei allen guten Raspberry Pi-Händlern microSD-Karten kaufen, auf denen Raspberry Pi OS bereits vorinstalliert ist, damit du schnell und einfach mit dem Raspberry Pi loslegen kannst. Vorinstallierte microSD-Karten sind auch im Lieferumfang des Raspberry Pi Desktop Kit und des Raspberry Pi 400 enthalten.

Wenn du das Betriebssystem lieber selbst auf einer leeren microSD-Karte installieren möchtest, kannst du das ganz einfach mit dem Raspberry Pi Imager tun. Wenn du einen Raspberry Pi 4, Raspberry Pi 400 oder Raspberry Pi 5 verwendest , kannst du das Betriebssystem auch über das Netzwerk direkt auf dein Gerät herunterladen und installieren.

WICHTIGER HINWEIS!

Wenn du eine microSD-Karte gekauft hast, auf der das Raspberry Pi OS bereits vorinstalliert ist, brauchst du nichts weiter tun, als die Karte in deinen Raspberry Pi zu stecken. Diese Anweisungen beziehen sich auf die Installation des Raspberry Pi OS auf leeren microSD-Karten oder auf Karten, die du bereits benutzt hast und wiederverwenden möchtest. Wenn du diese Anweisungen auf einer microSD-Karte mit darauf vorhandenen Dateien ausführst, gehen diese Dateien verloren. Vergiss also nicht, vorher eine Sicherungskopie zu erstellen!

Den Raspberry Pi Imager herunterladen

Das Raspberry Pi OS basiert auf Debian und ist das offizielle Betriebssystem für den Raspberry Pi. Der einfachste Weg, das Raspberry Pi OS auf einer microSD-Karte für deinen Raspberry Pi zu installieren, ist über das Tool Raspberry Pi Imager, das du unter **rptl.io/imager** findest.

Der Raspberry Pi Imager ist für Windows-, macOS- und Ubuntu-Linux-Computer verfügbar. Wähle die für dein System passende Version. Wenn der einzige Computer, auf den du Zugriff hast, dein Raspberry Pi ist, gehst du gleich zum Abschnitt „Raspberry Pi Imager über das Netzwerk ausführen", um herauszufinden, ob es möglich ist, das Tool direkt auf deinem Raspberry Pi zu verwenden. Wenn nicht, musst du bei einem Raspberry Pi-Händler eine microSD-Karte kaufen, auf der das Betriebssystem bereits installiert ist – oder du fragst eine Freundin oder einen Freund, ob sie oder er es für dich auf deiner microSD-Karte installieren kann.

Auf macOS-Rechnern doppelklickst du auf die heruntergeladene **DMG**-Datei. Möglicherweise musst du die Sicherheits- und Datenschutzeinstellungen so ändern, dass „Apps-Download erlauben von" auf die Option „App Store und verifizierte Entwickler" eingestellt ist, damit die Anwendung starten kann. Du kannst dann das **Raspberry Pi Imager**-Symbol in den Ordner „Programme" ziehen.

Auf einem Windows-PC doppelklickst du auf die heruntergeladene **EXE**-Datei. Wenn du dazu aufgefordert wirst, klickst du auf den Button **Ja**, um die Ausführung zu ermöglichen. Klicke dann auf den Button **Install**, um die Installation zu starten.

Unter Ubuntu Linux doppelklickst du auf die heruntergeladene Datei **DEB**, um das Software Center mit dem ausgewählten Paket zu öffnen, und folgst dann den Anweisungen auf dem Bildschirm, um den Raspberry Pi Imager zu installieren.

Jetzt kannst du deine microSD-Karte an deinen Computer anschließen. Du brauchst einen USB-Adapter – es sei denn, dein Computer hat einen eingebauten Kartenleser. Viele Laptops haben einen, aber nicht viele Desktop-Computer. Die Karte muss nicht vorformatiert sein.

Starte die Anwendung Raspberry Pi Imager und geh dann zu „Das Betriebssystem auf die microSD-Karte schreiben" auf Seite 249.

Den Raspberry Pi Imager über das Netzwerk verwenden

Der Raspberry Pi 4 und der Raspberry Pi 400 können den Raspberry Pi Imager selbst ausführen und ihn über das Netzwerk laden, ohne dass ein separater Desktop- oder Laptop-Computer erforderlich ist.

WICHTIGER HINWEIS!

Zum Zeitpunkt der Erstellung dieses Handbuchs wird die Netzwerkinstallation auf dem Raspberry Pi 5 noch nicht unterstützt, aber sie wird in einem zukünftigen Firmware-Update verfügbar sein.

Um den Raspberry Pi Imager direkt auszuführen, brauchst du deinen Raspberry Pi, eine leere microSD-Karte, eine Tastatur (wenn du nicht die eingebaute Tastatur des Raspberry Pi 400 verwendest), einen Fernseher oder Monitor und ein Ethernet-Kabel, das mit deinem Modem oder Router verbunden ist. Beachte, dass die Installation über eine Wi-Fi-Verbindung nicht unterstützt wird.

Stecke deine leere microSD-Karte in den microSD-Steckplatz deines Raspberry Pi und schließe die Tastatur, das Ethernet-Kabel und das USB-Netzteil an. Wenn du eine alte microSD-Karte wiederverwendest, hältst du die **Umschalttaste** auf der Tastatur gedrückt, während der Raspberry Pi hochfährt, um den Netzwerk-Installer zu laden. Wenn deine microSD-Karte leer ist, wird der Installer automatisch geladen.

Wenn der Bildschirm des Netzwerk-Installationsprogramms angezeigt wird, hältst du die **Umschalttaste** gedrückt, um den Installationsprozess zu starten. Das Installationsprogramm lädt automatisch eine spezielle Version des Raspberry Pi Imager herunter und lädt sie auf deinen Raspberry Pi, wie in **Abbildung A-1** dargestellt. Nach dem Download siehst du einen Bildschirm, der genau wie die eigenständige Version des Raspberry Pi Imager aussieht, mit Optionen zur Auswahl eines Betriebssystems und eines Speichergeräts für die Installation.

Das Betriebssystem auf die microSD-Karte schreiben

Klicke auf den Button **Modell Wählen**, um dein Raspberry Pi-Modell auszuwählen. Es wird dann der in **Abbildung A-2** gezeigte Bildschirm angezeigt. Suche deinen Raspberry Pi in der Liste und klicke darauf. Als Nächstes klickst

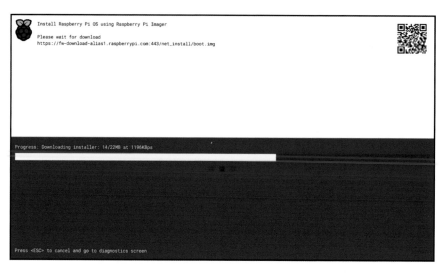

Abbildung A-1   Installation des Raspberry Pi OS über das Netzwerk

du auf **OS Wählen**, um das gewünschte Betriebssystem (OS) auszuwählen. Daraufhin erscheint der in **Abbildung A-3** abgebildete Bildschirm.

Die erste Option ist die Standardversion von Raspberry Pi OS. Wenn du die abgespeckte Lite-Version oder die Vollversion (in der alle empfohlenen Programme vorinstalliert sind) bevorzugst, wählst du „**Raspberry Pi OS (other)**".

Du kannst auch in der Liste abwärtsscrollen, um eine Reihe von Drittanbieter-Betriebssystemen zu sehen, die mit dem Raspberry Pi kompatibel sind. Je nach Raspberry Pi-Modell reichen diese von Universalbetriebssystemen wie Ubuntu Linux und RISC OS Pi bis hin zu Betriebssystemen, die auf Home Entertainment, Spiele, Emulation, 3D-Druck, digitale Beschilderung und mehr zugeschnitten sind.

Ganz unten in der Liste findest du **Erase**; damit kannst du die microSD-Karte und alle darauf befindlichen Daten löschen.

32-BIT VS. 64-BIT

Nachdem du ein Raspberry Pi-Modell ausgewählt hast, werden dir nur Images angeboten, die mit deinem Modell kompatibel sind. Wenn Raspberry Pi OS (64-Bit) als Option angezeigt wird, wie es beim Raspberry Pi 4 oder Raspberry Pi 5 der Fall ist, wählst du die 64-Bit-Option – es sei denn, du musst aus einem zwingenden Grund eine 32-Bit-Version des Betriebssystems installieren.

Abbildung A-2   Auswählen des Raspberry Pi-Modells

Abbildung A-3   Auswahl eines Betriebssystems

Wenn du ein Betriebssystem ausprobieren möchtest, das nicht in der Liste steht, kannst du es trotzdem mit dem Raspberry Pi Imager installieren. Gehe einfach auf die Website des Betriebssystems, lade das Image herunter und wähle dann die Option **Use custom** am Ende der Liste „Choose OS".

Wenn du ein Betriebssystem ausgewählt hast, klickst du auf den Button **SD-Karte Wählen** und wählst deine microSD-Karte aus. Normalerweise ist es das einzige Speichergerät in der Liste. Wenn du mehr als ein Speichergerät siehst – das passiert in der Regel, wenn du eine weitere microSD-Karte oder einen USB-Stick an deinen Computer angeschlossen hast – dann achte genau darauf, das richtige Gerät auszuwählen. Sonst besteht die Gefahr, dass du dein Laufwerk löschst und alle deine Daten verloren gehen. Im Zweifelsfall schließt du einfach den Raspberry Pi Imager, trennst alle Wechsellaufwerke mit Ausnahme deiner microSD-Karte und öffnest den Raspberry Pi Imager erneut.

Klicke schließlich auf den Button **Weiter** und du wirst gefragt, ob du das Betriebssystem anpassen möchtest. Wenn du die Lite-Version verwendest, musst du diesen Schritt durchlaufen, weil du damit deinen Benutzernamen, dein Passwort, deine drahtlose Netzwerkverbindung und vieles mehr konfigurieren kannst, ohne dass du eine Tastatur, eine Maus und einen Monitor anschließen musst.

Weiter fragt dich der Raspberry Pi Imager, ob du den Inhalt deiner SD-Karte überschreiben möchtest, und wenn du auf **Ja** klickst, tut er dies. Warte, bis das Dienstprogramm das ausgewählte Betriebssystem auf deine Karte geschrieben und es überprüft hat. Sobald das Betriebssystem auf die Karte geschrieben wurde, kannst du die microSD-Karte aus dem Desktop-Computer oder Laptop nehmen und in deinen Raspberry Pi einsetzen, um dein neues Betriebssystem zu laden. Wenn du das neue Betriebssystem mithilfe der Netzwerkstartfunktion auf deinen Raspberry Pi geschrieben hast, schaltest du den Raspberry Pi einfach aus und wieder ein, um dein neues OS zu laden.

Vergewissere dich, dass der Schreibvorgang abgeschlossen ist, bevor du die microSD-Karte entfernst oder deinen Raspberry Pi ausschaltest. Wenn der Prozess auf halbem Weg unterbrochen wird, kann dein neues Betriebssystem nicht richtig funktionieren. In einem solchen Fall musst du den Schreibvorgang erneut starten, um das beschädigte Betriebssystem zu überschreiben und es durch eine funktionierende Kopie zu ersetzen.

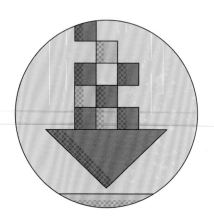

Anhang B

Installieren und Deinstallieren von Software

Das Raspberry Pi OS wird mit einer Auswahl beliebter Softwarepakete geliefert, die von der Raspberry Pi Foundation handverlesen wurden. Diese sind aber nicht die einzigen Softwarepakete, die auf einem Raspberry Pi laufen können. Mithilfe der folgenden Anweisungen kannst du weitere Software finden, installieren und wieder deinstallieren und so die Fähigkeiten deines Raspberry Pi erweitern.

Die Anweisungen in diesem Anhang sind ein Zusatz zu den Anweisungen in Kapitel 3, *Verwendung deines Raspberry Pi*, in dem die Verwendung des Tools **Recommended Software** erklärt wird.

Verfügbare Software durchsuchen

Die Liste der für Raspberry Pi OS verfügbaren Softwarepakete stammt aus den sogenannten *software repositories* („Softwarearchiv") des Betriebssystems. Um sie zu durchsuchen, klickst du auf das Raspberry Pi-Symbol. Im jetzt geöffneten Menü wählst du nun die Kategorie „Einstellungen" und klickst dann auf **Add/Remove Software**. Nach ein paar Sekunden erscheint das Fenster des Tools, wie in **Abbildung B-1** dargestellt.

Auf der linken Seite des Fensters „Add/Remove Software" findest du eine Liste mit Kategorien. Es sind dieselben Kategorien, die du im Hauptmenü siehst, wenn du auf das Raspberry Pi-Symbol klickst.

Wenn du auf eine davon klickst, erhältst du eine Liste der in dieser Kategorie verfügbaren Software. Du kannst auch einen Suchbegriff in das Feld oben links im Fenster eingeben, z. B. „Texteditor" oder „Game", und erhältst dann eine Liste mit passenden Softwarepaketen aus allen Kategorien. Wenn du auf ein beliebiges Paket klickst, werden im unteren Bereich des Fensters zusätzliche Informationen zu diesem Paket angezeigt, siehe **Abbildung B-2**.

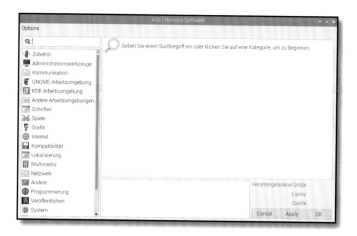

Abbildung B-1   Das Fenster Add/Remove Software

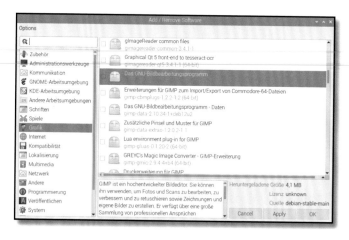

Abbildung B-2   Zusätzliche Informationen zum Paket

Wenn in der von dir gewählten Kategorie viele Softwarepakete verfügbar sind, kann es einige Zeit dauern, bis das Add/Remove Software Tool die Liste vollständig vorbereitet hat und für dich anzeigt.

Software installieren

Um ein Paket zur Installation auszuwählen, markierst du die dazugehörige Checkbox, indem du darauf klickst. Du kannst mehr als ein Paket auf einmal installieren: Klicke einfach auf die entsprechenden Checkboxen. Das Symbol neben dem Paketnamen ändert sich zu einem offenen Paket mit einem „+"-Symbol (siehe in **Abbildung B-3**), um die Installation zu bestätigen.

Wenn du deine Auswahl getroffen hast, klickst du entweder auf **OK** oder auf den Button **Apply**. Der einzige Unterschied ist, dass **OK** das „Add/Remove Software"-Tool schließt, wenn deine Software installiert ist, während der Button **Apply** es geöffnet lässt. Du wirst aufgefordert, dein Passwort (**Abbildung B-4**) einzugeben, um deine Identität zu bestätigen – schließlich willst du nicht, dass einfach irgendjemand deinem Raspberry Pi Software hinzufügen oder davon entfernen kann!

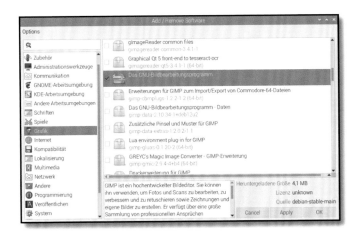

Abbildung B-3   Ein Paket zur Installation auswählen

Wenn du ein einzelnes Paket installierst, kann es sein, dass andere Pakete mit installiert werden. Dies sind *Dependencies (Abhängigkeiten)*: Pakete, die die Software, die du installieren willst, braucht, um zu funktionieren, z. B. Soundeffekt-Bundles für ein Spiel oder eine Datenbank für einen Webserver.

Sobald die Software installiert ist, solltest du sie finden können. Klicke auf das Raspberry Pi-Symbol, um das Menü zu öffnen und wähle die Kategorie des Softwarepakets (siehe **Abbildung B-5**). Beachte, dass die Menükategorie nicht immer die gleiche ist wie die Kategorie im Add/Remove Software Tool. Manche Programme werden gar nicht im Menü angezeigt. Diese Programme sind als *Kommandozeilen-Software* bekannt und müssen über die Kommandozeile im Terminal ausgeführt werden. Weitere Informationen über die Kom-

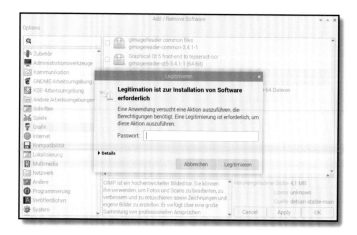

Abbildung B-4   Bestätigen deiner Identität

mandozeile und das Terminal findest du in Anhang C, *Die Kommandozeilen-Schnittstelle.*

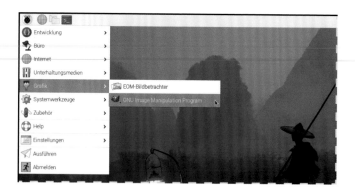

Abbildung B-5   Die Software finden, die du gerade installiert hast

Software deinstallieren

Um ein Paket zur Entfernung oder zur *Deinstallation* auszuwählen, suchst du es in der Liste der Pakete. Das geht am schnellsten über die Suchfunktion. Entferne das Häkchen aus der Checkbox daneben, indem du darauf klickst. Du kannst auch mehr als ein Paket gleichzeitig deinstallieren. Klicke einfach auf die entsprechenden abgehakten Checkboxen, um weitere Pakete zu entfernen. Das Symbol neben dem Paketnamen wird sich zu einem offenen Paket neben einem kleinen Papierkorb ändern. Das ist die Bestätigung, dass das Paket deinstalliert wird (siehe **Abbildung B-6**).

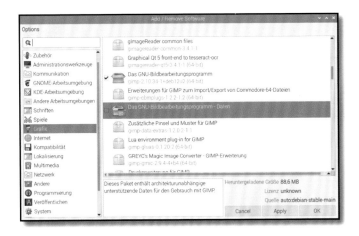

Abbildung B-6   Auswählen eines Pakets zur Entfernung

> **WICHTIGER HINWEIS!**
>
> Alle im Raspberry Pi OS installierten Programme erscheinen unter „Add/Remove Software", einschließlich der für den Betrieb deines Raspberry Pi erforderlichen Software. Deshalb ist es möglich, versehentlich Pakete zu entfernen, die der Desktop zum Laden benötigt. Deinstalliere Dinge nur dann, wenn du ganz sicher bist, dass du sie nicht mehr benötigst. Du kannst das Raspberry Pi OS neu installieren, indem du den Anweisungen in Anhang A, *Installieren eines Betriebssystems auf einer microSD-Karte* folgst.

Wie zuvor kannst du auf **OK** oder **Apply** klicken, um mit der Deinstallation der ausgewählten Softwarepakete zu beginnen. Du wirst gebeten, dein Passwort zu bestätigen, es sei denn, du hast dies innerhalb der letzten paar bereits Minuten getan. Möglicherweise wirst du gebeten, zu bestätigen, dass du auch alle Abhängigkeiten in Bezug auf dein Softwarepaket entfernen möchtest (siehe **Abbildung B-7**). Wenn die Deinstallation abgeschlossen ist, verschwindet die Software aus dem Raspberry Pi-Symbol-Menü. Dateien, die du mit der Software erstellt hast – z. B. Bilder bei einem Grafikpaket, oder gespeicherte Spielstände in einem Spiel – werden dagegen nicht entfernt.

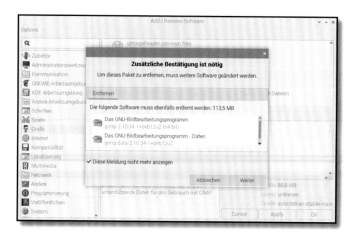

Abbildung B-7   Bestätigen, ob Abhängigkeiten entfernt werden sollen

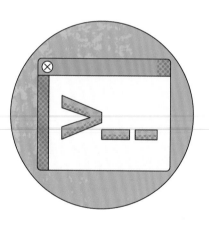

Anhang C

Die Kommandozeilen-Schnittstelle

Der Großteil der Software auf einem Raspberry Pi lässt sich über die Desktop-Umgebung verwalten. Auf einige Tools kannst du jedoch nur über einen text-basierten Modus zugreifen, der als *Command-Line Interface (CLI, Kommandozeilen-Schnittstelle)* bezeichnet wird. Dies geschieht in einer An-wendung namens Terminal. Die meisten Benutzer werden das CLI nie be-nutzen müssen, aber für diejenigen, die mehr wissen möchten, bietet dieser Anhang eine grundlegende Einführung.

Das Terminal laden

Der Zugriff auf die CLI erfolgt über das Terminal, ein Softwarepaket, das technisch als *virtual teletype (VTY)* (virtuelles Fernschreibterminal) bezeich-net wird. Der Name geht auf die Frühzeit der Computer zurück, als die Benut-zer ihre Befehle noch über eine große elektromechanische Schreibmaschine anstelle von Tastatur und Monitor eingeben mussten. Um das Terminal-Paket zu starten, klickst du auf die Himbeere, damit sich das Menü öffnet. Wähle nun die Kategorie **Zubehör** und klicke dann auf Terminal. Das Fenster des Terminals erscheint wie in **Abbildung C-1** abgebildet.

Das Terminal-Fenster kann wie jedes andere Fenster über den Desktop gezo-gen, in der Größe verändert, maximiert und minimiert werden. Du kannst die Schrift darin auch größer machen, wenn sie schwer zu lesen ist, oder kleiner, wenn mehr in das Fenster passen soll: Klicke auf das **Bearbeiten**-Menü und wähle **Vergrößern** oder **Verkleinern**, oder halte **STRG +SHIFT** auf der Tasta-tur gedrückt, gefolgt von + oder -.

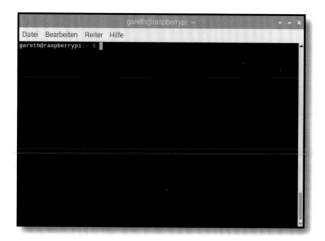

Abbildung C-1 Das Terminal-Fenster

Der Prompt

Das Erste, was du in einem Terminal siehst, ist der *Prompt („Eingabeaufforderung"),* der auf deine Anweisungen wartet. Der Prompt auf einem Raspberry Pi, auf dem Raspberry Pi OS läuft, sieht so aus:

`username@raspberrypi:~ $`

Der erste Teil des Prompts, **username**, ist dein Benutzername. Der zweite Teil, nach dem **@**, ist der Hostname des von dir verwendeten Computers, standardmäßig **raspberrypi**. Auf „**:**" folgt eine Tilde **~**. Dies ist eine Kurzform des Verweises auf dein Homeverzeichnis und steht für dein *aktuelles Arbeitsverzeichnis.* Das Symbol **$** zeigt an, dass du ein *nicht privilegierter Benutzer* bist. Das bedeutet, dass du höhere Zugriffsrechte brauchst, um bestimmte Aufgaben durchzuführen, etwa um Software hinzuzufügen oder zu entfernen.

Navigation

Versuche, Folgendes einzugeben, und drücke dann **ENTER**:

`cd Desktop`

Wie du siehst, ändert sich der Prompt auf:

`pi@raspberrypi:~/Desktop $`

Damit wird angezeigt, dass sich dein aktuelles Arbeitsverzeichnis geändert hat: Du warst vorher in deinem Homeverzeichnis, angezeigt durch die Tilde ~. Jetzt befindest du dich dagegen im **Desktop**-Unterverzeichnis (auch „Unterordner" genannt) unterhalb deines Homeverzeichnisses. Dazu hast du den Befehl **cd** – *change directory (Verzeichnis/Ordner wechseln)* – verwendet.

Es gibt vier Methoden, in dein Homeverzeichnis zurückzukehren: Probiere sie der Reihe nach aus und wechsle dazwischen jedes Mal zurück in den **Desktop**-Unterordner. Die erste Methode ist:

```
cd ..
```

Die **..**-Symbole sind eine weitere Abkürzung, diesmal für „Verzeichnis über dem aktuellen", auch bekannt als *übergeordnetes oder nächsthöheres Verzeichnis („parent directory")*. Weil das übergeordnete Verzeichnis zu **Desktop** dein Homeverzeichnis ist, kehrst du dorthin zurück. Wechsle zurück in den **Desktop**-Unterordner und probiere die zweite Methode:

```
cd ~
```

Dieser Befehl verwendet das **~**-Symbol. Es bedeutet: „Wechsle in mein Homeverzeichnis". Im Gegensatz zu **cd ..**, mit dem du von deinem aktuellen ins übergeordnete Verzeichnis gelangst, funktioniert dieser Befehl von überall her. Es gibt aber einen noch einfacheren Weg:

```
cd
```

Wenn du keinen Verzeichnisnamen eingibst, wechselt **cd** einfach direkt zurück in dein Homeverzeichnis.

Es gibt noch eine andere Möglichkeit, in dein Homeverzeichnis zurückzukehren (ersetze **username** durch deinen Benutzernamen):

```
cd /home/username
```

Dabei wird ein sogenannter *absoluter Pfad* eingegeben, der unabhängig vom aktuellen Arbeitsordner funktioniert. So wie **cd** allein oder **cd ~**, bringt dich dies in dein Homeverzeichnis zurück, egal wo du gerade bist. Im Gegensatz zu den anderen Methoden musst du hierfür jedoch deinen Benutzernamen verwenden.

Umgang mit Dateien

Um den Umgang mit Dateien zu üben, wechselst du (**cd**) in den **Desktop**-Ordner und gibst Folgendes ein:

```
touch Test
```

Du siehst jetzt eine neue Datei namens **Test** auf dem Desktop. Der Befehl **touch** wird normalerweise verwendet, um die Datums- und Zeitangabe in einer Datei zu aktualisieren, aber wenn – wie in diesem Fall – die Datei nicht existiert, wird sie erstellt.

Gib Folgendes ein:

```
cp Test Test2
```

Du siehst eine weitere Datei, **Test2**, auf dem Desktop. Dies ist eine *Kopie* der Originaldatei, die in jeder Hinsicht identisch ist. Lösche sie mit diesem Befehl:

```
rm Test2
```

Dies *entfernt* die Datei und du siehst, wie sie verschwindet.

WARNHINWEIS!

Wenn du Dateien mit dem grafischen Dateimanager löschst, werden sie im Papierkorb gespeichert, damit du sie später wieder herausholen kannst, falls du sie doch noch brauchst. Wenn du zum Löschen hingegen **rm** verwendest, werden die Dateien unwiderruflich gelöscht. Sei also vorsichtig bei Löschbefehlen.

Probiere als Nächstes:

```
mv Test Test2
```

Dieser Befehl *verschiebt* die Datei und du siehst, wie die Original **Test**-Datei verschwindet und durch **Test2** ersetzt wird. Der Befehl zum Verschieben, **mv**, kann so benutzt werden, um Dateien umzubenennen.

Wenn du nicht auf dem Desktop bist, musst du trotzdem sehen können, welche Dateien sich in einem Ordner befinden. Gib ein:

```
ls
```

Dieser Befehl *listet* den Inhalt des aktuellen Ordners oder jedes anderen Verzeichnisses auf, das du angibst. Weitere Details, beispielsweise eine Auflistung aller versteckten Dateien und der Dateigrößen, kannst du mithilfe zusätzlicher Parameter abfragen:

```
ls -larth
```

Diese Schalter steuern den **ls**-Befehl: **l** verwandelt seine Ausgabe in eine lange Liste; mit **a** werden alle Dateien und Ordner angezeigt, auch solche, die normalerweise versteckt sind. Der Schalter **r** kehrt die normale Sortierreihenfolge um; **t** sortiert nach der Änderungszeit, sodass du in Kombination mit **r** die ältesten Dateien am Anfang der Liste und die neuesten Dateien am Ende findest. **h** gibt die Dateigrößen in einem besser verständlichen Format aus.

Ausführen von Programmen

Einige Programme können nur von der Kommandozeile aus ausgeführt werden, während andere sowohl grafische als auch Kommandozeilen-Schnittstellen haben. Ein Beispiel für Letzteres ist das Raspberry Pi Konfigurationstool, das du normalerweise über das Himbeeren-Menü startest.

Um das Konfigurationstool für Software in der Kommandozeile auszuprobieren, gibst du ein:

```
raspi-config
```

Du erhältst eine Nachricht, dass die Software nur als *root*, dem Superuser-Konto auf dem Raspberry Pi, ausgeführt werden kann. Dein Status ist der eines nicht privilegierten Benutzers. Es wird auch angezeigt, wie du die Software als root ausführen kannst, indem du eingibst:

```
sudo raspi-config
```

Der Teil **sudo** des Befehls ist eine Abkürzung von *switch-user do* (Benutzer umschalten) und weist Raspberry Pi OS an, den Befehl als root-Benutzer auszuführen. Das Konfigurationstool für die Software des Raspberry Pi erscheint wie in **Abbildung C-2** dargestellt.

Du benötigst **sudo** nur dann, wenn ein Programm höhere *Zugriffsrechte* erfordert, z. B. zum Installieren oder Deinstallieren von Software oder zum Anpassen von Systemeinstellungen. Ein Spiel sollte zum Beispiel niemals mit **sudo** ausgeführt werden.

Abbildung C-2   Das Raspberry Pi Software-Konfigurationstool

Drücke die Taste **TAB** (Tabulator) zweimal, um „Finish" zu wählen. Drücke **ENTER**, um das Raspberry Pi Software-Konfigurationstool zu beenden und zur Kommandozeilen-Schnittstelle zurückzuwechseln. Abschließend gibst du ein:

```
exit
```

Dadurch wird deine Sitzung mit der Kommandozeilen-Schnittstelle beendet und die Terminal-Anwendung geschlossen.

Verwendung der TTYs

Die Terminal-Anwendung ist nicht die einzige Möglichkeit, die Kommandozeilen-Schnittstelle zu nutzen: Du kannst auch zu einem der bereits laufenden Terminals wechseln, die als *Teletypes* oder *TTYs* bekannt sind. Drücke und halte die **STRG**- und **ALT**-Tasten auf der Tastatur und drücke die **F2**-Taste zum Umschalten auf tty2 (siehe **Abbildung C-3**).

Abbildung C-3   Eines der TTYs

Du musst dich erneut mit deinem Benutzernamen und Passwort anmelden. Danach kannst du die Kommandozeilen-Schnittstelle wie im Terminal benutzen. Die Verwendung dieser TTYs ist praktisch, wenn aus welchem Grund auch immer die Desktop-Schnittstelle nicht funktioniert.

Um vom TTY wegzuschalten, drückst und hältst du **STRG+ALT** und drückst dann **F7**: Der Desktop wird wieder angezeigt. Drücke erneut **STRG+ALT+F2** und wechsle damit zu tty2 zurück. Alles, was du dort ausgeführt hattest, steht wieder zur Verfügung.

Bevor du erneut wechselst, gibst du ein:

```
exit
```

Drücke dann **STRG+ALT+F7**, um zurück zum Desktop zu gelangen. Hinweis: Es ist wichtig, vor dem Verlassen des TTY die Sitzung zu beenden. Denn jeder, der Zugang zur Tastatur hat, kann auf ein TTY wechseln. Wenn die Sitzung noch läuft (du also noch angemeldet bist), können Unbefugte auf dein Konto zugreifen, ohne dein Passwort zu kennen!

Herzlichen Glückwunsch: Du hast deine ersten Schritte mit der Kommandozeilen-Schnittstelle von Raspberry Pi OS gemeistert!

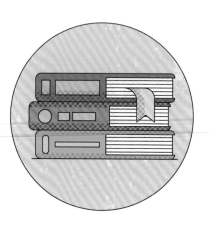

Anhang D

Weiterführende Literatur

Das offizielle Raspberry Pi-Handbuch für Einsteiger ist dazu gedacht, dir den Einstieg in die Benutzung des Raspberry Pi zu erleichtern, aber es ist keineswegs ein vollständiger Überblick über all die Dinge, die du damit tun kannst. Die Raspberry Pi-Community ist riesig. Überall auf der Welt lassen sich Menschen von dem kleinen Computer inspirieren. Sie nutzen ihn zum Entwickeln von Spielen und zur Steuerung von Sensoren, bis hin zu Robotik und künstlicher Intelligenz. Es gibt jede Menge Ideen und deiner Phantasie sind keine Grenzen gesetzt.

Jede Seite dieses Anhangs enthält Anregungen für Projekte, Informationsquellen und andere hilfreiche Materialien. Sie alle helfen dir bei den nächsten Schritten, wenn du das *Handbuch für Einsteiger* durchgearbeitet hast.

Bookshelf

Raspberry Pi-Menüsymbol > Help > Bookshelf

Abbildung D-1   Die Bookshelf-Anwendung

Das Bookshelf (siehe **Abbildung D-1**) ist eine Anwendung, die im Lieferumfang des Raspberry Pi OS enthalten ist. Mit ihr kannst du digitale Versionen von Raspberry Pi Press-Veröffentlichungen durchsuchen, herunterladen und lesen. Lade sie, indem du auf das Raspberry Pi-Symbol klickst, Hilfe auswählst und auf **Bookshelf** klickst. Jetzt hast du die Wahl zwischen einer Reihe von Magazinen und Büchern, die du kostenlos herunterladen und in Ruhe lesen kannst.

Raspberry Pi News

raspberrypi.com/news

Abbildung D-2   Raspberry Pi News

Von Montag bis Freitag gibt es jeden Tag einen Artikel, der neue Raspberry Pi-Computer und Zubehör ankündigt, neueste Software Updates und Community-Projekte vorstellt, sowie zu Updates von Raspberry Pi Press Publikationen wie The MagPi und HackSpace Magazine informiert (**Abbildung D-2**).

Raspberry Pi Projects

rpf.io/projects

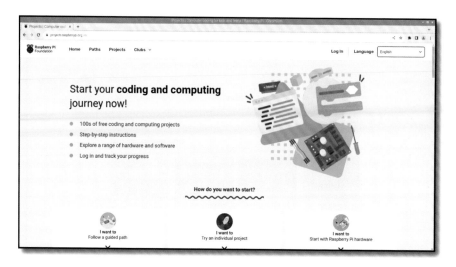

Abbildung D-3   Raspberry Pi Projects

Die offizielle Raspberry Pi-Projekt-Webseite der Raspberry Pi Foundation (**Abbildung D-3**) bietet Schritt-für-Schritt-Anleitungen für Projekte in einer Reihe von Kategorien. Darunter sind etwa Games und Musik, bis hin zur Erstellung deiner eigenen Website oder eines vom Raspberry Pi gesteuerten Roboters. Die meisten Projekte sind in mehreren Sprachen verfügbar und decken eine Reihe von Schwierigkeitsgraden ab – vom absoluten Anfänger bis zum erfahrenen „Maker".

Raspberry Pi Education

rpf.io/education

Abbildung D-4   Raspberry Pi Education Website

Die offizielle Website von Raspberry Pi Education (**Abbildung D-4**) bietet Newsletter, Online-Schulungen sowie Projekte, die speziell für Pädagogen gedacht sind. Die Website enthält auch Links zu weiteren Ressourcen, darunter kostenlose Schulungsprogramme, Code Club und CoderDojo, die von Freiwilligen betrieben werden, und vieles mehr.

Die Raspberry Pi-Foren

rptl.io/forums

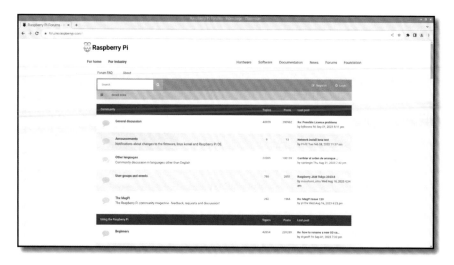

Abbildung D-5   Raspberry Pi-Foren

Die Raspberry Pi-Foren (gezeigt in **Abbildung D-5**) sind der Ort, an dem Raspberry Pi-Fans zusammenkommen und sich über alles von Anfängerthemen bis hin zu tiefgehenden technischen Themen unterhalten können – und es gibt sogar einen Bereich für allgemeine Gespräche!

The MagPi Magazin

magpi.cc

Abbildung D-6   The MagPi Magazine

Die offizielle Raspberry Pi-Zeitschrift *The MagPi* ist eine monatliche Publika-
tion, die von Tutorials und Leitfäden bis hin zu Rezensionen und Nachrichten
alles abdeckt. Sie wird dabei kräftig von der weltweiten Raspberry-
Pi-Community unterstützt (**Abbildung D-6**). Exemplare sind in allen guten
Kiosken und Supermärkten erhältlich und können auch digital unter der
Creative Commons-Lizenz kostenlos heruntergeladen werden. *The MagPi*
veröffentlicht auch Bücher und Zeitschriften zu verschiedenen Themen, die
in gedruckter Form gekauft oder kostenlos heruntergeladen werden können.

HackSpace Magazin

hsmag.cc

Abbildung D-7   HackSpace Magazin

Das *HackSpace* Magazin, das sich an ein breiteres Publikum als The MagPi richtet, wirft mit Hardware- und Software-Rezensionen, Tutorials und Interviews einen Blick auf die Maker-Community (**Abbildung D-7**). Wenn du deinen Horizont über den Raspberry Pi hinaus erweitern möchtest, ist das *HackSpace* Magazin ein fantastischer Ausgangspunkt – es ist in gedruckter Form in Supermärkten und Zeitungsläden erhältlich oder kann kostenlos in digitaler Form heruntergeladen werden.

Anhang E

Das Raspberry-Pi-Konfigurationstool

Das Raspberry-Pi-Konfigurationstool ist ein leistungsstarkes Paket zur Anpassung der Einstellungen an deinem Raspberry Pi – von den für Programme verfügbaren Schnittstellen bis hin zur Steuerung über ein Netzwerk. Für Einsteiger kann es allerdings etwas überwältigend sein, deshalb wird dieser Anhang dich der Reihe nach durch die einzelnen Einstellungen führen und deren Zweck erklären.

> **WICHTIGER HINWEIS!**
>
> Nimm nur Änderungen an den Einstellungen vor, die unbedingt erforderlich sind. Andernfalls solltest du das Konfigurationstool nicht benutzen. Wenn du deinem Raspberry Pi neue Hardware hinzufügst, wie z. B. einen Audio-HAT oder ein Kameramodul, erfährst du in der Anleitung, welche Einstellung du ändern musst. Ansonsten belässt du die Standardeinstellungen im Allgemeinen am besten unverändert.

Du kannst das Raspberry-Pi-Konfigurationstool aus dem Menü mit dem Himbeer-Symbol unter der Kategorie **Einstellungen** starten. Alternativ kann es auch über die Kommandozeilen-Schnittstelle, zum Beispiel im Terminal, mit dem Befehl `raspi-config` ausgeführt werden. Die Layouts der Kommandozeilenversion und der grafischen Version sind unterschiedlich, wobei die Optionen in verschiedenen Kategorien erscheinen, je nachdem, welche Version du verwendest. In diesem Anhang beziehen wir uns auf die grafische Version.

System-Tab

Im System-Tab (**Abbildung E-1**) findest du Optionen für die Systemeinstellungen des Raspberry Pi OS.

Abbildung E-1   Der System-Tab

- **Kennwort** – Klicke auf den Button **Kennwort ändern**, um für dein aktuelles Benutzerkonto ein neues Passwort zu setzen.

- **Hostname** – Der Name, mit dem sich dein Raspberry Pi in Netzwerken identifiziert. Wenn du mehr als einen Raspberry Pi im selben Netzwerk hast, muss jeder einen eindeutigen Namen haben. Klicke auf den Button **Change Hostname**, um einen neuen auszuwählen.

- **Hochfahren** – Wenn du diese Einstellung auf **Zum Desktop** (die Voreinstellung) setzt, wird der bekannte Raspberry Pi OS-Desktop (Arbeitsoberfläche) geladen: Wenn du sie auf **Zur Kommandozeilenschnittstelle** setzt, wird die Kommandozeilenschnittstelle geladen, wie in Anhang C, *Die Kommandozeilen-Schnittstelle* beschrieben.

- **Automatische Anmeldung** – Wenn dies aktiviert ist (Standardeinstellung), lädt der Raspberry Pi OS den Desktop, ohne dass du deinen Benutzernamen und dein Passwort eingeben musst.

- **Startbildschirm** – Wenn dies aktiviert ist (Standardeinstellung), werden die Bootmeldungen von Raspberry Pi OS hinter einem grafischen Startbildschirm verborgen.

- **Browser** – Ermöglicht es dir, zwischen Googles Chromium (dem Standard) und Mozillas Firefox als Standard-Webbrowser zu wechseln.

Anzeige-Tab

Der Anzeige-Tab (**Abbildung E-2**) enthält Einstellungen, die steuern, wie die Bildschirmausgabe angezeigt wird.

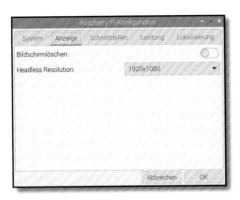

Abbildung E-2   Der Anzeige-Tab

▸ **Bildschirmlöschen** – Mit dieser Option kannst du die Bildschirmaus-
blendung ein- und ausschalten. Wenn diese Funktion aktiviert ist,
schaltet dein Raspberry Pi das Display schwarz, wenn du es einige
Minuten lang nicht benutzt. Dies schützt deinen Fernseher oder
Monitor vor Beschädigungen, die durch die Anzeige eines statischen
Bildes über einen längeren Zeitraum verursacht werden können.

▸ **Headless Resolution** – Diese Option steuert die Auflösung des vir-
tuellen Desktops, wenn du den Raspberry Pi ohne angeschlossenen
Monitor oder Fernseher verwendest – im Fachjargon nennen wir das
Headless-Betrieb.

Schnittstellen-Tab

Auf dem Schnittstellen-Tab (**Abbildung E-3**) werden die Einstellungen angezeigt, die die Hardware-Schnittstellen deines Raspberry Pi steuern.

Abbildung E-3   Der Schnittstellen-Tab

▸ **SSH** – Aktiviert oder deaktiviert die Secure Shell (SSH)-Schnittstelle. Sie ermöglicht es dir, mithilfe eines SSH-Clients eine Kommandozeilen-Schnittstelle auf deinem Raspberry Pi von einem anderen Computer in deinem Netzwerk aus zu öffnen.

▸ **VNC** – Aktiviert oder deaktiviert die Schnittstelle für Virtual Network Computing (VNC). Damit kannst du mithilfe eines VNC-Clients den Desktop des Raspberry Pi von einem anderen Computer aus in deinem Netzwerk sehen.

▸ **SPI** – Aktiviert oder deaktiviert das Serial Peripheral Interface (SPI), das zur Steuerung bestimmter Bauteile verwendet wird, die mit den GPIO-Pins des Raspberry Pi verbunden sind.

▸ **I2C** – Aktiviert oder deaktiviert die I²C-Schnittstelle (Inter-Integrated Circuit), die zur Steuerung einiger Hardware-Add-ons verwendet wird, die an die GPIO-Pins angeschlossen werden können.

▸ **Serieller Anschluss** – Aktiviert oder deaktiviert die serielle Schnittstelle des Raspberry Pi, die an den GPIO-Pins verfügbar ist.

▸ **Serielle Konsole** – Aktiviert oder deaktiviert die serielle Konsole, eine an der seriellen Schnittstelle verfügbare Kommandozeilen-Oberfläche. Diese Option ist nur verfügbar, wenn die oben genannte Einstellung für die serielle Schnittstelle auf „Aktiviert" gesetzt ist.

- **Eindraht-Bus** – Aktiviert oder deaktiviert die Eindraht-Bus-Schnittstelle (1-Wire), die zur Steuerung einiger Hardware-Add-ons verwendet wird, die an die GPIO-Pins angeschlossen werden können.

- **GPIO-Fernzugriff** – Aktiviert oder deaktiviert einen Netzwerkdienst, der es dir ermöglicht, mithilfe der GPIO Zero-Bibliothek die GPIO-Pins des Raspberry Pi von einem anderen Computer in deinem Netzwerk aus zu steuern. Weitere Informationen zu Remote-GPIO findest du unter **gpiozero.readthedocs.io**.

Leistung-Tab

Der Leistung-Tab (**Abbildung E-4**) enthält Einstellungen, die die Leistung deines Raspberry Pi steuern.

Abbildung E-4   Der Leistung-Tab

- **Überlagerungsdateisystem** – Ermöglicht es dir, das Dateisystem des Raspberry Pi zu sperren, damit Änderungen nur auf einer virtuellen RAM-Disk vorgenommen und nicht auf die microSD-Karte geschrieben werden. Das heißt, deine Änderungen gehen verloren und du kehrst bei einem Neustart wieder in einen „sauberen" Zustand zurück.

Für Modelle des Raspberry Pi vor dem Raspberry Pi 5 stehen außerdem folgende Optionen zur Verfügung:

- **Lüfter** – Aktiviert oder deaktiviert einen optionalen Lüfter, der an die GPIO-Stiftleiste des Raspberry Pi angeschlossen ist und den Prozessor in wärmeren Umgebungen oder unter extremer Last kühl hält. Ein kompatibler Lüfter für das offizielle Raspberry Pi 4 Gehäuse ist bei **rptl.io/casefan** erhältlich.

▶ **Lüfter GPIO** – Der Lüfter ist normalerweise an GPIO Pin 14 ange-schlossen. Wenn du etwas anderes an diesen Pin angeschlossen hast, kannst du hier einen anderen GPIO-Pin wählen.

▶ **Lüftertemperatur** – Die Mindesttemperatur in Grad Celsius, bei der sich der Ventilator drehen soll. Bis der Prozessor des Raspberry Pi diese Temperatur erreicht hat, bleibt der Lüfter ausgeschaltet, damit kein unnötiges Geräusch entsteht.

Lokalisierung-Tab

Der Lokalisierung-Tab (**Abbildung E-5**) enthält Einstellungen, die deinen Raspberry Pi auf die Region anpassen, in der du ihn benutzt. Dazu gehört z.B. das Tastaturlayout.

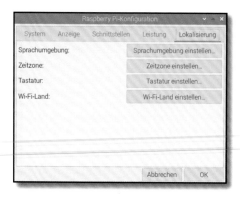

Abbildung E-5   Der Lokalisierung-Tab

▶ **Sprachumgebung** – Ermöglicht dir die Auswahl der Sprachumge-bung, einer Systemeinstellung, die Sprache, Land und Zeichensatz („Zeichenvorrat") umfasst. Beachte, dass eine hier vorgenommene Än-derung der Sprache die Anzeigesprache nur in Anwendungen ändert, für die eine Übersetzung verfügbar ist.

▶ **Zeitzone** – Ermöglicht dir die Wahl der lokalen Zeitzone. Du wählst ei-ne Region, gefolgt von der nächstgelegenen Stadt („Standort"). Wenn dein Raspberry Pi an das Netzwerk angeschlossen ist, aber die Uhr ei-ne falsche Zeit anzeigt, liegt das normalerweise daran, dass die fal-sche Zeitzone ausgewählt wurde.

▶ **Tastatur** – Ermöglicht die Wahl des Tastaturtyps, der Sprache und des Layouts. Wenn du feststellst, dass deine Tastatur falsche Buchstaben oder Symbole ausgibt, kannst du das hier korrigieren.

▸ **Wi-Fi-Land** – Ermöglicht die Einstellung des Landes für Zwecke der Rundfunkregulierung. Wähle das Land aus, in dem dein Raspberry Pi verwendet wird. Die Auswahl eines anderen Landes kann dazu führen, dass keine Verbindung zu nahe gelegenen WLAN-Zugangspunkten hergestellt werden kann. Darüber hinaus kann es auch einen Verstoß gegen das Rundfunkrecht darstellen. Bevor das eingebaute WLAN benutzt werden kann, muss ein Land eingestellt werden.

Anhang F

Raspberry Pi-Spezifikationen

Die verschiedenen Komponenten und Merkmale eines Computers werden zusammenfassend als die *„Spezifikationen"* bezeichnet. Spezifikationen enthalten die Informationen, die du zum Vergleich zweier Computer benötigst. Diese Angaben können auf den ersten Blick verwirrend erscheinen. Sie sind sehr technisch und man muss sie nicht kennen, um einen Raspberry Pi zu benutzen. Wissbegierige Leserinnen und Leser finden sie hier.

Der Raspberry Pi 5

Der System-on-Chip (SoC) des Raspberry Pi 5 ist ein Broadcom BCM2712. Wenn du genau hinschaust, kannst du das auf dem Metalldeckel lesen. Er verfügt über vier 64-Bit ARM Cortex-A72 Central Processing Unit (CPU)-Kerne mit 2,4 GHz und eine Broadcom VideoCore VII-Grafik-Verarbeitungseinheit (GPU) mit 800 MHz für Video- und für 3D-Rendering-Aufgaben wie beispielsweise Spiele.

Der SoC ist mit 4GB oder 8GB LPDDR4X (Low-Power Double-Data-Rate 4) RAM (Arbeitsspeicher) verbunden, der mit 4.267 MHz läuft. Dieser Speicher wird sowohl vom Zentralprozessor als auch vom Grafikprozessor genutzt. Der microSD-Kartensteckplatz unterstützt bis zu 512 GB Speicherplatz.

Der Ethernet-Anschluss unterstützt Verbindungsgeschwindigkeiten bis hin zu einem Gigabit (1000 Mbps, 1000-Base-T), die Funkeinheit unterstützt 802.11 ac Wi-Fi-Netzwerke, die auf den Frequenzbändern 2,4 GHz und 5 GHz funken, sowie Bluetooth 5.0 und Bluetooth Low Energy (BLE)-Verbindungen.

Der Raspberry Pi 5 hat zwei USB 2.0- und zwei USB 3.0-Anschlüsse für Peripheriegeräte. Außerdem verfügt er über einen Anschluss für eine einzelne

Hochgeschwindigkeits-PCI-Express (PCIe) 3.0-Lane. Mit einem optionalen HAT-Zubehör kann dieser Anschluss verwendet werden, um Hochgeschwin-digkeits-SSD-Speicher (M.2 Solid State Drive), Beschleuniger für Machine Learning (ML), Computer Vision (CV) und andere Hardware hinzuzufügen.

Raspberry Pi 4 und 400

▸ **CPU** – 64-Bit Quad-Core Arm Cortex-A72 (Broadcom BCM2711) mit 1,5 GHz oder 1,8 GHz (Raspberry Pi 400)

▸ **GPU** – **VideoCore VI mit 500 MHz**

▸ **RAM** – 1GB, 2GB, 4GB (Raspberry Pi 400) oder 8GB LPDDR4

▸ **Networking** – 1 × Gigabit Ethernet, Dual-Band 802.11ac, Bluetooth 5.0, BLE

▸ **Audio-/Videoausgänge** – 1 × 3,5 mm analoge AV-Buchse (nur Raspberry Pi 4), 2 × micro-HDMI 2.0

▸ **Anschlussmöglichkeiten für Peripheriegeräte** - 2 × USB 2.0-Anschlüsse, 2 × USB 3.0-Anschlüsse, 1 × CSI (nur Raspberry Pi 4), 1 × DSI (nur Raspberry Pi 4)

▸ **Speicher** – 1 × microSD bis zu 512 GB (16 GB im Raspberry Pi 400 Kit)

▸ **Stromversorgung** – 5 V bei 3 A über USB C, PoE (mit zusätzlichem HAT, nur Raspberry Pi 4)

▸ **Extras** – 40-polige GPIO-Stiftleiste

Der Raspberry Pi Zero 2 W

▸ **CPU** – 64-bit Quad-Core Arm Cortex-A53 mit 1GHz (Broadcom BCM2710)

▸ **GPU** – VideoCore IV mit 400MHz

▸ **RAM** – 512 MB LPDDR2

▸ **Netzwerke** – Einzelband 802.11b/g/n, Bluetooth 4.2, BLE

▸ **Audio-/Videoausgänge** – 1 × Mini-HDMI

- ▸ **Anschlussmöglichkeiten für Peripheriegeräte** – 1 × Micro USB OTG 2.0 Anschluss, 1 × CSI

- ▸ **Speicher** – 1 × microSD bis zu 512 GB

- ▸ **Stromversorgung** – 5 Volt bei 2,5 Ampere über Micro-USB

- ▸ **Extras** – 40-polige GPIO-Stiftleiste (nicht befüllt)